약용 식물 · 특용 작물
약초 텃밭가꾸기

약용 식물 · 특용 작물
약초 텃밭가꾸기

지은이 | 손현택
펴낸곳 | 도서출판 지식서관
펴낸이 | 이홍식
디자인 | 디자인 감7
등록번호 | 1990. 11. 21 제96호
주소 | 경기도 고양시 덕양구 보광로174번길 17-7
전화 | 031)969-9311   **팩스** | 031)969-9313
e-mail | jisiksa@hanmail.net

초판 1쇄 발행일 | 2016년 6월 25일
초판 2쇄 발행일 | 2018년 5월 25일

약용 식물 · 특용 작물
약초 텃밭가꾸기

글·그림 손현택

지식서관

| 머리말 |

도시농부, 귀농, 귀촌이란 말이 유행하면서 녹색 생활을 꿈꾸는 사람들도 그만큼 많아지고 있습니다. 도시에서 살고는 있으나 베란다, 화단, 화분에 각종 채소와 푸성귀 같은 먹거리를 손수 재배하는 사람들이 많아지는 것입니다. 혹은 먹기 위해서, 혹은 자연에서 치유를 얻기 위해 취미로 소일하는 경우도 있지만 아예 직업적인 면을 염두하는 사람들이 점차 늘어나고 있는 추세입니다.

도시에서의 농촌 생활을 꿈꾸는 사람들이 늘어나면서 기존의 배추와 상추를 심던 주부들마저 요즘은 허브 같은 쌈채 작물을 직접 키우는 경우가 많습니다. 골목길과 주택가 화단을 구경하다 보면 예전과 달리 생강은 물론 겨자잎까지 직접 키우는 주택이 제법 많이 보입니다.

이 책은 기존의 채소 작물과 쌈채 작물에 관심이 많은 도시 주부와 원예 애호가들이 약용 작물 및 특용 작물의 재배에 도전할 수 있도록 꾸몄습니다. 약용 작물 및 특용 작물의 재배는 사실 초보 농부들이 시도하기에는 어려움이 많지만 가급적 쉬운 용어로, 쉽게 재배할 수 있는 방법들을 찾아서 정리하였습니다.

무엇보다 중요한 것은 약용 작물 및 특용 작물은 그 특성상 종자를 구하는 것이 만만치 않다는 것입니다. 물론 근처 종묘상에 예약을 하면 웬만한 종자는 대부분 시기적절한 시기에 확보를 할 수 있을 뿐 아니라 인기 있는 약초와 특용 작물은 모종으로도 구할 수 있을 것입니다. 물론 아무리 노력을 해도 종자 확보가 어려운 작물이 있기 마련인데 이 경우에는 늦가을에 종자를 직접 채취하여 재배해야 할지도 모릅니다. 그러나 이 책에서 소개하는 약용 및 특용 작물들은 종묘상에서 대개 거래되고 있는 작물들이므로 조금만 노력하면 누구나 어렵지 않게 종자나 모종을 구할 수 있을 것이라 믿습니다.

국내의 약용 작물은 대부분 뿌리를 약용하기 때문에 넓고 깊은 화단을 조성하는 것이 필수 조건입니다. 그러나 약용 작물 또한 어린 싹과 부드러운 잎을 쌈밥 등으로 섭취할 수 있으므로 화분 등에서 키운 뒤 약용뿐 아니라 식용으로도 시도할 수 있습니다. 요즘 인기 있는 인삼 어린 잎이 비빔밥에 넣어 먹으면 쌉싸레한 맛이 일품이듯, 약용 작물과 특용 작물도 이와 같은 방법으로 섭취하거나 사용할 수 있을 것입니다.

부디 이 책이 약용 및 특용 작물 재배에 관심 있는 분들에게 참고 서적이 되길 바라며, 아울러 도시에서 소박한 정원을 가꾸는 분들에게도 많은 도움이 되길 기원드립니다.

2016년 6월
손현택 올림

CONTENTS

머리말_06

이 책을 읽는 방법_10

야생에서 종자 채종 시 약초 잎 구별하기_12

01. 약초텃밭 만들기_15

02. 소문난 약초식물 키우기_33

원지_34/ 지모_39/ 홍화(잇꽃)_46/ 삽주(창출, 백출)_51/ 개똥쑥_57/ 황금(속썩은풀)_62/ 익모초_68/ 꿀풀(하고초)_73/ 배초향(곽향)_78/ 지황_83/ 중국패모(패모)_88/ 삼백초_93/ 약모밀(어성초)_98/ 구절초_103/ 천궁_108/ 참당귀(당귀)_114/ 백선_119/ 비수리(야관문)_125

03. 뿌리를 약용하는 텃밭약초작물_131

산해박_132/ 시호_137/ 전호(아삼)_142/ 사상자_147/ 구릿대_152/ 바디나물(전호)_157/ 승마_162/ 지치(자초)_168/ 인삼_173/ 현삼_178/ 단삼_184/ 잔대(사삼)_189/ 고삼_195/ 황기_200/ 맥문동_205/ 소리쟁이_213/ 둥굴레_218/ 용담_225

04. 나물로도 판매하고 약초로도 먹는 특용텃밭작물_231

참나물_232/ 참취_237/ 곰취_242/ 갯취_247/ 고려엉겅퀴(곤드레나물)_252/ 섬쑥부쟁이(섬취나물)_257/ 씀바귀_262/ 머위(봉두채)_269/ 독활_274/ 양하_279/ 얼레지_284/ 어수리(단모우방풍)_289/ 고수_294/ 갯기름나물(방풍나물, 빈해전호)_299/ 영아자(미나리싹)_304/ 소엽(차즈기)_309

05. 덩굴 및 수생 약용식물 작물_315

마(참마)_316/ 쥐방울덩굴_321/ 박주가리_326/ 하수오(적하수오)_331/ 나도하수오_336/ 큰조롱(백하수오)_341/ 만삼_346/ 미래덩굴(발계)_351/ 갈대(노근)_356/ 흑삼릉(삼릉)_361/ 택사 & 질경이택사_366/ 마름(능실)_371/ 퉁퉁마디(함초)_376

06. 목본 약용식물 작물_383

마가목_384/ 두충_389/ 가시오갈피_394/ 음나무(엄나무)_399/ 두릅나무_404/ 산수유_409/ 산겨릅나무(산청목)_414/ 뽕나무(오디)_420/ 느릅나무(유근피)_425/ 초피나무(제피, 산초)_430/ 헛개나무_435/ 옻나무_440

찾아보기_445

《참고》 이 책을 읽는 방법

재배 환경

식물의 재배 환경을 상대 평가 방식으로 산정하였으므로 과학적으로 증명 가능한 절대적인 평가표는 아니다. 막대 길이가 짧을수록 재배는 가능하나 기술적인 능숙도가 필요하고, 막대 길이가 길면 그만큼 해당 방식의 재배가 용이하다.

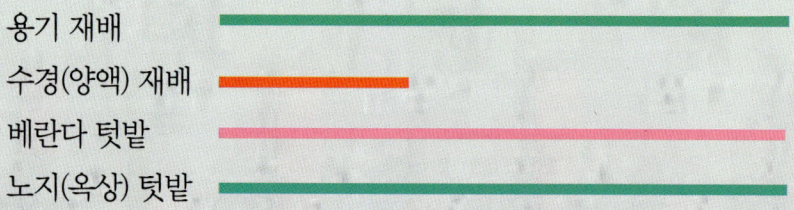

수경 재배는 일정량의 양분이 함유된 물을 기준으로 적량의 온도, 적량의 햇빛이 있을 경우를 가정한 뒤 여러 가지 수경 재배 정보를 조합 합산하여 정리하였다. 단, 고사리처럼 특수 장비가 동원된 수경 재배의 경우 상대 평가 가치를 하락시켰다. 이 표에서 수경 재배 확률이 높은 식물은 일반 수돗물(하루 전 받아둔)에서도 발아 확률이 높은 식물임을 뜻한다. 일단 발아를 하면 그 식물은 이론적으로 계속 수경 재배할 수 있을 뿐 아니라 모종 크기일 때 용기 또는 텃밭으로 아주 심을 수 있다.

토양
텃밭 식물이 선호하는 토양 정보와 이랑의 너비에 대한 정보이다.

파종
텃밭 식물의 파종 적정기와 파종 방법을 설명한다.

모종
모종으로 심을 경우 모종의 재식 간격 및 모종 정식(이식) 시기이다.

관리
텃밭 식물의 관리 방법을 해설한다.

비료
텃밭 식물의 생육에 필요한 웃거름과 밑거름에 대해 설명한다. 약용 식물 특성상 유기농 비료 위주로 설명했다. 화학 비료 사용 방법은 인터넷 산림청 등에서 검색한다.

수확
해당 텃밭 식물의 수확 시기를 설명한다.

병충해 & 그 외 파종 정보
텃밭 식물에서 가장 많이 발생하는 병충해에 대해 설명하였고, 그 외 파종에 필요한 정보가 있을 경우 추가하였다.

《참고》 야생에서 종자 채종 시 약초 잎 구별하기

　야생에서 약초 종자를 채종하려면 일반적으로 종자가 결실을 맺는 제철에 채종해야 한다. 이때 유사종이 많은 약초인 경우 유사종들을 구별하기 위해 잎 모양, 줄기, 꽃지루, 잎자루의 털의 유무, 털 모양, 열매의 털 유무를 파악해야 한다. 일단 오른쪽 그림처럼 모양으로 먼저 구별한 뒤 잎 가장자리의 톱니 모양을 확인한다. 그런 뒤 줄기 모양, 줄기 색상, 잎 뒷면 색상을 확인하며 줄기, 잎자루, 잎맥, 꽃받침, 열매, 열매자루에 털이 있는지 확인하고 털의 모양을 확인하면 야생에서도 약초를 오인하지 않고 쉽게 구별할 수 있고 원하는 종자를 채종할 수 있다.

　종자 채종은 열매가 결실을 맺는 제철이 좋지만 녹색에서 갈색으로 물들 때 채종한 뒤 건조시키면 열매가 알맞게 성숙하기도 한다.

　종자 채종이 어려운 경우에는 인터넷에서 약초 재배 농가를 검색한 뒤 종자, 종근, 모종을 구입해 파종할 수도 있다.

　야생에서 약초를 구별할 때 가장 많이 혼동하는 잎 모양의 구별 방법이다. 실제로는 각 소엽(작은 잎)마다 깊게 갈라진 경우도 많으므로 소엽이 아래에 비해 더 많이 달려 있는 것처럼 보이는 경우가 허다하다.

2회3출엽　　　　　　　　3회3출엽

홀수깃꼴겹엽　　　　　　짝수깃꼴겹엽

약초 텃밭 만들기 01

❖ 노지에서 재배하는 약용 텃밭

도시 초보 농부의 노지 약초 텃밭은 여러 가지 방법으로 만들 수 있다. 기존 텃밭에 약초를 심는 방법, 텃밭 주위의 여유 공간에 심는 방법, 옥상의 텃밭에 조성하는 방법이 있다. 시장에 출하하는 것이 목적이 아닌 경우에는 소량 재배할 것이다.

약초 텃밭은 채소 텃밭과 달리 한 가지 단점이 있다. 뿌리를 약용하는 약초일 경우 최소 2~3년을 재배한 뒤 수확해야 한다는 것이다. 이 때문에 유휴 공간이 없을 경우에는 기존 텃밭 주변에서 오랫동안 묵혀둘 수 있는 땅에 약초 텃밭을 조성하는 것이 좋다.

나물 수확용 텃밭

물론 잎을 약용하거나 나물로 먹을 수 있는 약초는 잎을 수확하는 것이 목적이기 때문에 일반 채소를 수확하듯 매년 수확할 수 있다

약초 나물류는 노지에서 구획을 나눈 뒤 쓰임새 있는 약초들을 소량씩 재배해 본다.

뿌리 수확용 텃밭

뿌리를 약용하는 약초는 2~3년 묵혀둘 수 있는 여유 있는 공간이나 기존 텃밭의 짜투리 땅에서 긴 시간을 가지고 재배해 본다.

❖ 화분으로 키우는 약초

용기 약초 텃밭은 유휴 공간이 없는 도시 주택 및 아파트에서 각종 용기에 흙을 담아 약초를 재배하는 것을 말한다. 양재 도매 상가의 화분집들이 '텃밭 상자' 라는 이름의 텃밭 식물 재배용 플라스틱 용기를 판매하고 있다.

약초 작물 특성상 대부분의 약초가 2~3년 이상을 키워야 쓸 만한 뿌리를 수확할 수 있으므로 용기 텃밭은 권장하지 않는다. 그러나 잎을 수확하는 나물 종류의 약초라면 용기로 재배할 수 있다.

@ 용기 깊이

잎을 수확하는 나물 약초를 재배하려면 용기 깊이가 50cm 정도면 된다. 왜냐하면 나물 약초 작물 대부분이 어린 잎을 수확해서 식용하기 때문에 뿌리를 크게 키울 이유가 없는 것이다.

@ 용기 너비

나물 약초 작물을 용기에서 재배하려면 용기의 너비가 최소 1m는 되어야 한다. 나물 약초들은 상추처럼 잎이 많지 않고 잎의 수확량이 적다. 따라서 몇 일 분량의 잎을 수확하려면 그만큼 나물을 많이 재배할 수 있도록 용기 면적도 넓어야 한다.

❖ 텃밭 용어 – 이랑, 고랑, 두둑

@ 이랑

밭에서 농작물을 심는 곳을 말한다. 이랑의 너비는 농작물의 크기에 맞게 정해지지만 이랑 위에 2줄 또는 3줄로 심는 경우도 많다. 정해진 너비는 없지만 수분을 많이 먹는 농작물은 이랑을 좁게 만들고 수분을 적게 먹는 작물은 이랑을 넓게 만든다. 재배를 하다 보면 이랑을 넘어다니는 경우가 많으므로 이랑의 너비는 보통 90~120cm로 만든다.

밭두둑(고랑 · 이랑)

@ 고랑

밭에서 빗물이 흐르는 배수로 역할을 하는 동시에 밭작물에 물을 대주는 역할을 한다. 사람이 걸어 다니는 통로로도 사용한다. 보통 50~60cm 너비로 고랑을 파면 된다.

@ 두둑

이랑과 고랑을 합쳐 두둑 또는 밭두둑이라고 한다.

❖ 약초 텃밭 만들기

약초 텃밭은 채소 텃밭 만드는 것과 동일하다. 단, 약초의 특성상 농약 또는 화학 비료를 많이 사용한 텃밭은 가급적 피한다.

@ 밭 만들기

먼저 웃거름을 준다. 그런 뒤 밭을 갈아 엎는다. 자갈이나 돌맹이는 찾아서 버린다. 1m 내외의 너비를 가진 이랑을 만들고, 이랑 사이에는 물이 흐르는 50cm 내외의 너비를 가진 고랑을 판다.

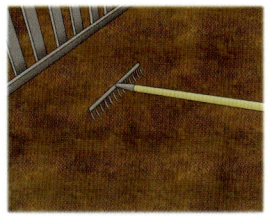

@ 모종 키우기

발아율을 높이고 봄철 추위를 방지할 목적으로 트레이 또는 포트에 씨앗을 심은 뒤 따뜻한 장소에서 육묘한다. 싹이 올라온 뒤 본잎이 3~6매일 때 밭에 아주 심는다. 보통 5월 초순 전후가 좋다.

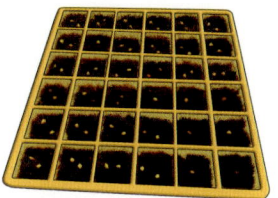

@ 노지 직접 파종의 경우

노지에 직접 파종한 경우 파종을 한 뒤에는 흙을 얇게 복토하고 그 위에 볏짚을 깔아서 보온처리하여 싹이 올라올 때까지 촉촉이 관수한다. 싹이 올라오면 볏짚을 걷어내어 싹이 햇볕을 받을 수 있도록 조치한다.

❖ 약초 작물 대량 재배

소량 재배의 경우 텃밭에 바로 씨앗을 뿌려 재배하는 경우가 많다. 그러나 싹이 나기 전 쌀쌀한 봄 기온에 냉해를 입으면 발아율이 현저하게 떨어진다. 발아 실패율을 최소화하고 냉해에 대처하려면 하우스나 베란다 같은 따뜻한 장소에서 파종 및 싹을 틔우고 모종이 되었을 때 노지 텃밭에 옮겨 심는 것이 유리한 방법이다.

@ 발아

온실에서 트레이 또는 포트에 씨앗을 뿌린 뒤 흙을 살짝 덮어 주고 햇빛이 잘 들어오는 따뜻한 장소에서 키운다. 트레이는 재활용 플라스틱 상자나 접시 따위를 사용해도 무방하다.

@ 육묘(키우기)

씨앗을 심을 트레이는 모종 크기에 따라 격자형(트레이), 작은 비닐 화분형(포트)에서 선택한다. 씨앗을 심은 뒤 떡잎을 제외한 본잎이 3~6개 달릴 때까지 햇볕이 좋은 따뜻한 장소에서 육묘한다.

@ 정식(아주심기, 이식)

잎이 3~6개 달린 뒤, 밤 기온에 의해 냉해 피해가 없는 시기(보통 5월 초 전후)가 되면 밑거름을 주고 미리 조성해 두었던 텃밭에다가 옮겨 심는다.

❖ 텃밭 작물 냉해 대책

열대에서 들어온 땅콩 따위를 기를 때는 국내 기후에서는 보통 피복을 덮고 재배를 한다. 피복은 부드러운 질감의 검정 비닐인데 식물 재배용 피복 비닐을 사용한다. 냉해, 방풍, 진딧물, 잡초 예방 목적으로 사용한다. 일반적으로 이랑에 피복 비닐을 덮고 종자를 심을 부분만 구멍을 내고 종자를 심는다.

@ 멀칭

목적에 맞는 피복 제품을 사용해 텃밭을 멀칭한다(덮어준다). 부직포 형태의 제품과 비닐 형태의 제품이 있는데, 약초 작물은 일반적으로 검정색 비닐 피복을 사용한다.

@ 심기

멀칭한 뒤 일정 간격으로 둥근 구멍을 낸 뒤 씨앗을 심거나 모종을 심는다. 비닐 피복이 없었던 과거에는 볏짚 또는 낙엽으로 피복하였다. 사실 신문지로 덮어 주어도 조금이라도 냉해 방지 효과가 있지만 나중에 청소하기가 애매하다.

@ 성장

시간이 흐르면 피복 구멍에서 텃밭 식물이 자라는 것을 볼 수 있다. 어느 정도 자라면 피복을 제거하기도 하지만 요즘은 잡초 방제를 위해 피복을 제거하지 않는 경우가 많다.

❖ 밑거름 & 웃거름

관상용으로 재배하는 경우라면 굳이 거름(비료)을 줄 필요가 없지만 뿌리, 잎, 열매를 약용 및 식용할 목적이라면 반드시 거름을 주어야 원하는 만큼 튼실한 뿌리나 잎을 수확할 수 있다.

@ 밑거름 (미리 주는 거름)

씨앗이나 모종을 심기 전 밭 전체에 공급하는 비료가 밑거름이다. 밑거름은 화학 비료가 아닌 유기질의 퇴비를 준다. 흔히 퇴비라고 불리는 비료가 있는데 퇴비에는 비료의 기본 3요소(질소, 인산, 칼륨)가 적당한 비율로 함유되어 있다. 밭두둑을 만들기 전 퇴비를 밭 전체에 뿌린 뒤 밭을 부드럽게 갈아 엎고 이랑과 고랑을 만들면 밑거름을 준 상태가 된다. 유기질 퇴비를 주는 양은 평당 5~10Kg 내외이지만 양분을 많이 먹는 작물은 석회 성분이 포함된 복합 비료를 추가하여 밭두둑을 만다. 밭두둑은 보통 종자를 파종하기 전(모종을 심기 전)인 15~30일 전에 만든다.

포트(트레이)에서 싹을 발아시킬 때와 화분 같은 용기로 작물을 재배를 할 때는 좋은 밭흙을 구하는 것이 어려우므로 화원에서 판매하는 상토(배양토, 분갈이흙)를 사용하지만 약초 작물은 복합 비료에 약한 경우가 많으므로 가급적 밝은흙이나 유기질 비료가 있는 흙을 사용한다.

배양토는 상토와 거의 같은 뜻이지만 비료 함량이 상토에 비해 적거나 비료 성분이 없는 경우도 있다. 따라서 화분 같은 용기로 작물을 재배할 때는 상토라는 글자가 쓰여 있는 흙을 구입해 사용하고 모종이 어느 정도 자라면 추가로 웃거름을 준다.

@ 웃거름 (나중에 주는 거름)

모종을 이식한 뒤에 주는 거름, 즉 식물이 자라고 있을 때 식물의 생산성을 높이기 위해 공급하는 비료가 웃거름이다. 간혹 밑거름을 준 경우 웃거름이 필요 없는 약초 작물도 있지만 대부분의 작물들이 밑거름 외 웃거름을 필요로 한다.

웃거름 역시 퇴비형 비료를 사용하는 것이 좋지만 신속한 결과를 바란다면 복합 비료나 화학 비료를 준다. 그러나 화학 비료의 사용량이 많으면 토양의 산성화가 빨라져 나중에 복구하는 비용이 더 들게 되므로 가정용 텃밭이라면 퇴비형 비료를 주거나 그 작물이 좋아하는 특정 성분을 보강한 복합 비료를 준다.

웃거름은 작물에 따라 주는 방법이 다른데 일반적으로 줄기 아래쪽에 주는 경우가 많다.

약초 작물에 따라 포기와 포기 사이에 주어도 충분한 경우도 있다.

비료를 준 뒤에는 비료를 준 부분의 흙을 얇게 갈아주고 엎어준다.

❖ 지주대와 유인줄

열매가 주렁주렁 달리는 작물과 덩굴 성질의 작물은 식물이 쓰러지거나 멋대로 자라는 것을 방지할 목적으로 지주대를 세운다. 지주대는 줄기가 올라올 때 식물체 옆에 꽂아 세운 뒤 줄기가 쓰러지는 것을 방지하기 위해 묶어준다. 덩굴손이 있는 덩굴 식물은 지주대와 유인줄을 설치해 덩굴이 뻗도록 유인줄로 유인한다.

@ 1대 1 지주대

식물체 한 그루당 1대 1로 세우는 지주대이다. 큰 열매가 열리는 약초, 줄기가 허약한 약초가 쓰러지는 것을 방지하기 위해 1대 1 지주대를 사용한다.

지주대는 보통 작물의 높이에 맞게 1m 길이의 각목, 철근, 대나무, 파이프, 알루미늄 봉, 플라스틱 지주대를 사용한다.

@ 그물형 지주대

덩굴 약초처럼 덩굴 속성이 있는 작물은 조금 복잡한 그물 형태의 지주대를 설치한다.

그물 부분으로 덩굴손이 올라와 덩굴이 자라도록 유인하면 된다.

❖ 순따기 & 곁가지치기

　열매 채소는 주기적으로 순따기(순자르기)와 곁가지치기를 해야 영양분의 쓸데없는 손실을 막을 수 있다. 잎으로 가야 할 영양분이 열매로 향하게 되므로 더욱 탐스러운 열매를 수확할 수 있다.

@ 순따기(순지르기, 적심)

　식물이 성장하고 있을 때 몇몇 새순(어린 잎이 올라오는 줄기 혹은 생장점)을 제거해 식물의 웃자람을 막고 남아 있는 가지와 열매로 영양 공급을 원활히 하는 것을 말한다. 콩과 식물의 생장점은 보통 갈라지는 가지 부분의 마디에 있으므로 새로 올라온 어린 잎 하단의 마디 상단을 잘라 순따기를 한다. 순따기를 하면 어린 잎으로 가야 할 영양분이 기존의 잎이나 열매로 향하므로 더욱 탐스러운 열매를 수확할 수 있다.

@ 곁가지치기

　다른 잎 겨드랑이에서 올라온 곁가지 줄기와 가지가 만나는 겨드랑이에서 비집고 올라오는 가지가 곁가지이다. 곁가지를 잘라내면 곁가지로 가야 할 영양분이 기존의 잎과 열매로 향하므로 더 탐스러운 열매를 수확할 수 있다.

❖ 북주기 & 김매기

@ 북주기(흙 쌓아주기)

북주기는 뿌리가 큰 식물 또는 콩과 식물이 일정 이상으로 자랐을 때 지상에 노출된 뿌리 부분에 흙을 쌓아 햇빛에 노출되지 않도록 하는 작업을 말한다.

보통 떡잎을 제외한 본잎이 2~4장일 때 주변 흙을 헐어 줄기 아래쪽에 모아 쌓는 방식으로 1차 북주기를 하고, 본잎이 5~6장일 때 2차 북주기를 한다. 이때 북주기는 일반적으로 턱잎 아래쪽까지 흙을 쌓아주는 방식으로 하지만 땅콩처럼 꽃이 있는 부분까지 흙으로 덮어주는 경우도 있다.

@ 김매기(잡초 뽑아내기)

작물 사이에서 자라는 잡초를 뽑아내고 호미로 흙을 긁어 부드럽게 하는 작업이 김매기이다. 뽑아낸 잡초는 한쪽에 모아두거나 태워 버린다. 잡초를 제거하지 않으면 땅 속 영양분을 텃밭 작물과 잡초가 나눠먹는 형국이기 때문에 작물의 성장이 불량해진다. 따라서 모든 식용 작물은 기본적으로 잡초와의 전쟁인 김매기를 해야 한다.

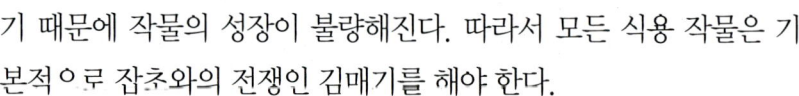

❖ 솎아내기(솎음)

솎아내기라 함은 줄뿌림 등으로 종자를 인접해서 파종한 경우 한다. 작물이 발아한 뒤 본잎이 2~4장 달렸을 때 상대적으로 부실하게 자라는 모종을 뽑아 없애고, 포기 사이의 간격을 넓히는 작업을

비슷한 위치에서 올라온 두 작물

부실한 작물을 솎아내는 모습

말한다.

예를 들어 콩을 파종할 때는 발아하지 않을 경우를 대비하여 한 구멍에 보통 2~3개의 종자를 파종한다. 이때 2~3개의 종자가 모두 발아에 성공하면 한 구멍(같은 위치)에서 2~3포기 작물이 자라게 되므로 그 가운데 튼튼하게 자라는 작물과 열성적으로 자라는 작물이 생긴다. 열성적으로 자라는 포기는 뿌리채 뽑아서 제거하는 작업이 솎음작업 또는 솎아내기라고 한다.

만일 솎아내야 할 작물의 생육 상태가 좋다면 뽑아서 없애는 것으 아니라 다른 위치로 옮겨 심는 것이 좋다.

솎아내기 작업은 작물의 성격에 따라 1~3차에 걸쳐 하는데, 그 결과 작물들의 재식 간격이 점점 넓어지면서 영양분 다툼을 하지 않고 잘 자라게 된다.

❖ 약초 작물 수경 재배

아파트에서 생활하는 사람들이 많아지면서 수경 재배를 하는 가정이 늘어났다. 약초 작물 중에서 수경 재배가 가능한 작물은 잎을 식용하는 나물 작물이다. 그 외 약초들은 대개 뿌리를 약용하기 때문에 수경 재배로는 뿌리를 원하는 크기로 재배하는 것이 용이하지 않다. 그러나 참나물 같은, 잎을 식용하면서도 식물체의 크기가 작은 약초는 수경 재배를 시도할 만하다.

가정에서 수경 재배를 하려면 씨앗 발아용 스폰지와 수경 재배 장치가 필요하다. 수경 재배 준비물은 다음과 같이 있다.

@ 스폰지
씨앗을 발아시킬 때 흙 기능을 한다.

@ 물
수돗물, 냇물 등을 사용하되 차가운 물의 사용은 피한다.

@ 배양액
비료 같은 식물 영양분이 농축된 액체이다. 포장지에 표기되어 있는 해당 배양액의 사용법을 참고해 물에 희석하여 1주일에 한두 번 수경 재배 용기에 거름을 주듯 공급한다. 배양액은 종묘상이나 인터넷을 통해 쉽게 구할 수 있다. 물에 녹여 사용하는 분말형 비료도 있으므로 액체형과 분말형 중 원하는 것을 구입한다.

@ 발아 온도

모든 씨앗은 발아를 할 때 그에 필요한 적정 온도가 있다. 물론 가정에서는 식물마다의 적정 발아 온도를 잘 모를 것이다. 그 경우 씨앗을 뿌리는 계절을 생각해 보라. 4월 중순에 파종하는 식물이라면 베란다 온도를 4월 중순 평균 기온(약 15도 내외)에 맞게 유지하면 베란다에서도 씨앗이 발아를 하게 된다.

❖ 가정에서의 수경 재배

가정에서 간단하게 텃밭 작물을 수경 재배하는 방법을 알아보자.

@ 스폰지

쟁반에 작은 크기로 자른 스폰지를 올려놓고 스폰지 가운데를 +자로 구멍을 낸다. 구멍당 종자 1~2알을 넣는다. 스폰지가 없을 경우 티슈를 깔고 그 위에 종자를 1~2알 올려놓는다.

@ 발아 전 물 공급

쟁반에 맹물을 넣어 스폰지가 빨아들이도록 한다. 씨앗 발아는 씨앗 자체의 영양분으로도 발아할 수 있기 때문에 보통 맹물을 사용한다.

@ 발아 후 물 공급

발아 후라면 이미 씨앗에 있는 영양분을 다 소비한 상태이기 때문에 이때부터 거름이 필요하다. 거름으로 사용할 배양액을 물에 희석하여 공급한다. 배양액의 희석 비율과 배양액을 주는 간격은 해당 배양액의 설명서를 참고한다. 일반적으로 2~7일에 한두 번 배양액을 주는데, 식물의 영양 상태를 보아 가며 희석 비율을 높이거나 낮춘다.

@ 정식

본잎이 2~5개 달리면 수경 재배 수조, 화분, 베란다, 노지 텃밭 중 하나를 선택해 옮겨 심어야 한다. 계속 수경 재배로 키우려면 거실의 밝은 곳이나 베란다에 수경 재배 수조를 꾸미는 것이 좋다. 수경 재배 수조는 공장 제품을 구입하거나 스티로폼 따위의 상자를 개조해 사용할 수도 있다.

소문난 약초 식물 키우기

02

원지 꽃

건망증, 불면증, 총명탕에 사용하는
원지

원지과 여러해살이풀 *Polygala tenuifolia* 꽃 : 7~8월 높이 : 30cm

월별 재배 일지	1	2	3	4	5	6	7	8	9	10	11	12
씨뿌리기				■								
아주심기					■								
김매기						■	■					
밑거름 & 웃거름					■							
수확하기	■	■	■	■						■	■	■

중국 및 강원도 이북에서 자생하는 원지는 국내의 경우 안동과 영주에서 약용 작물로 재배한 기록이 있지만 지금 현재는 옛 원지 재배 농가가 많이 줄어들었다. 지금의 원지는 안동 및 영주의 옛 원지 밭 부근 야산에서 야생화되어 자라고 있다. 원지는 양지바른 풀밭에

서 자라는 특성상 옛 원지밭 부근의 묘지와 양지바른 풀밭, 풀밭 주변의 길가에서 많이 출현한다.

원지는 땅속 뿌리에서 가느다란 줄기가 여러 개로 무리지어 올라온다. 줄기는 높이 30m 내외로 자란다. 가느다란 줄기와 땅속 뿌리는 보기와 달리 철사처럼 질긴 편이기 때문에 뿌리를 캘 때는 튼튼한 모종삽이 필요하다.

어긋난 잎은 선형이고 잎자루가 없고 길이 1.5~3cm 내외이다.

7~8월에 피는 꽃은 줄기 또는 가지 끝에서 총상꽃차례로 달리는데 꽃의 색상은 자주색이다. 꽃은 입술 모양을 닮았는데 꽃봉우리가 양쪽으로 갈라져 꽃잎이 2개인 것처럼 보이고 꽃잎 하단부에는 솔 같은 것이 달려 있다. 8~9월에 결실을 맺는 열매는 납작한 삭과로서 2개로 갈라지고 털은 없지만 종자에는 털이 밀생한다.

원지

원지 줄기와 잎

원지 뿌리

이용 방법
어린 싹이나 어린 잎은 식용하고 뿌리를 삶아서 먹을 수 있다. 원지의 약용 부위는 근피이다.

약용 및 효능
근피인 뿌리 겉껍질과 어린 싹을 약용한다. 늦가을~봄 사이에 뿌리를 수확한 뒤 세척하고 음건한다. 원지는 뿌리 속이 아닌 겉껍질이 약용 및 효능이 높으므로 뿌리의 겉껍질을 다시 채취하고 음건한 뒤 약용한다. 건망증, 기억력, 불면증, 우울증, 몽정, 강심, 객담, 가래, 만성 기관지염에 효능이 있고 심장과 신장을 보(補)한다.

안동 야산에서 재배하다가 야생화된 원지

재배 환경
용기 재배
수경(양액) 재배
베란다 텃밭
노지(옥상) 텃밭

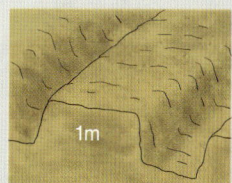
토양
물빠짐이 좋은 산비탈 권장. 이랑 너비 1m. 고랑을 넓게 판다.

파종
2~3월에 묘판에 종자를 뿌려 2개월간 육묘한 뒤 5월 초 이식한다. 노지 직파는 4월 초 직파한 뒤 짚을 덮어준다.

모종
묘판으로 육묘한 경우 5월 초 노지 이식할 때 포기 간격 15cm, 줄 간격 30cm로 심는다.

잡초를 뽑아 정리한다

관리
다소 서늘한 곳에서 잘 자란다. 양지바른 곳에서 재배하되 수분은 조금 풍족하게 공급한다. 때때로 김매기를 해준다.

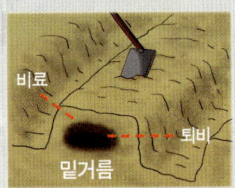

비료 / 밑거름 / 퇴비

비료
밭두둑은 유기질 비료를 충분히 주고 만든다.
연 1~2회 웃거름을 공급해 비옥도를 적당하게 유지해 준다.

수확
2~4년 재배한 뿌리를 수확하되 통상 2년째부터 수확한다. 뿌리는 가을에 지상부가 시들어 사라질 무렵인 11월부터 이듬해 봄까지 수확할 수 있다.

병충해 & 그 외 파종 정보
종자는 2년 이상 자란 원지에서 채취하되 열매가 결실을 맺는 6월 말~8월에 채취한다. 열매를 비벼서 종자를 채취한 뒤 1개월간 그늘에서 건조시킨 후 노천 매장했다가 이듬해 봄에 그늘에서 말린 뒤 파종한다. 원지는 전국에서 재배할 수 있지만 서늘한 환경을 좋아하기 때문에 해발 350m 이상의 비옥한 산비탈에서 재배한다.

지모의 꽃봉우리는 밤에만 열리고 낮에는 닫힌다.

항암, 당뇨, 신경통에 좋은
지모

지모과 여러해살이풀　*Anemarrhena asphodeloides*　꽃 : 6~7월　높이 : 1m

월별 재배 일지	1	2	3	4	5	6	7	8	9	10	11	12
씨뿌리기												
아주심기												
김매기												
밑거름 & 웃거름												
수확하기												

중국과 북한 지방에서 자생하는 지모는 우리나라에서 약초로 재배하는 식물이다. 우리나라 환경에서는 중부 이남 지방에서 재배하는 것이 좋은데 남부 지방에서 재배할 경우 이모작이 가능해 콩과 같은 텃밭 작물을 수확한 뒤 재배하기도 한다. 한방에서는 발한, 이뇨, 신

지모 잎

지모 열매

경통 등에 약용하지만 최근 연구에 의하면 항암에도 효능이 있는 것으로 알려졌다.

 지모는 땅속줄기에서 벼 잎사귀와 비슷한 잎이 무리지어 올라온 뒤 높이 60~90cm의 긴 꽃대가 올라온다. 잎의 길이는 20~70cm이고 긴 선형이며 하단부가 원줄기를 감싼다.

 6~7월에 피는 자잘한 꽃은 길이 1.5cm 내외의 종 모양으로서 수상꽃차례로 달리고 색상은 분홍색이다. 꽃잎은 낮동안 닫히면서 뾰족한 모양을 하다가 해질 무렵이나 밤중에 살짝 벌어지고 아침이 되면 다시 꽃봉우리가 닫힌다. 꽃봉우리 안에는 3개의 수술이 있다.

 7~8월에 결실을 맺는 열매는 삭과의 울퉁불퉁한 형태이며 종자는 평균 3개씩 들어 있고 종자에는 3개의 날개가 있다. 자생지 환경을 보면 햇볕에서도 잘 자라지만 반그늘의 숲속에서도 발견되는 것으로 보아 반그늘 환경에서도 양호한 성장을 보인다. 지모는 벼와 비슷한 느낌을 주는 토속 느낌의 식물이므로 화단 조경용으로 심거나 가정집 화분으로 심어도 나름 괜찮다.

지모 꽃대

이용 방법
지모는 뿌리줄기를 약용한다. 봄 또는 가을에 뿌리를 채취한 뒤 수염뿌리를 제거하고 세척한 뒤 양건 또는 음건한 뒤 약용한다. 뿌리의 육질이 밝은 황갈색인 경우 좋은 품질이다.

약용 및 효능
뿌리줄기에서 수염뿌리를 제거하고 음건한 것은 모지모(毛知母), 근피를 제거하고 음건한 것은 지모육(知母肉)이라고 하며 약용한다. 뿌리줄기에는 평균 6%의 사포닌이 함유되어 있다. 당뇨, 항암, 항균, 살균, 해열, 이뇨, 신경통 등에 6~15g을 달여 먹거나 피부 질환에 외용한다.

금기
지모를 과다복용할 경우 설사 또는 혈압의 급격한 저하가 발생할 수 있으므로 주의한다.

지모 어린 잎

중부 지방의 지모 텃밭

재배 환경
용기 재배
수경(양액) 재배
베란다 텃밭
노지(옥상) 텃밭

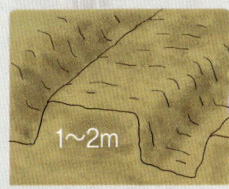

토양
산성 토양에서는 성장이 불량하므로 비옥한 토양을 권장한다. 이랑 너비 1~2m.

파종
2월 말~3월에 비옥한 묘판에 골을 내어 줄뿌림으로 파종한 뒤 짚을 덮고 육묘한다. 분주 번식은 가을 휴면기에 할 수 있다.

모종
중부 지방은 4월 중순 전후에 노지 이식하고 남부 지방은 이모작인 경우 봄 작물 수확을 끝낸 11월 하순에 밭에 이식한다.

관리
5월 말~6월 중순 김매기를 한다. 이 시기에 꽃대를 제거하면 뿌리의 품질이 좋아진다. 하지만, 꽃대를 모두 제거하면 씨앗 채종을 할 수 없으므로 주의한다.

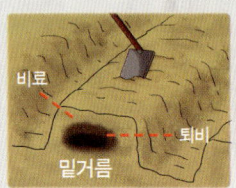

비료
묘판은 유기질, 인산, 칼리 비료를 충분히 주고 만든다. 웃거름은 정식 후인 5월 말과 8월에 인산, 칼리 비료를 듬뿍 주면 수확량이 많아진다.

수확
2~3년 재배한 뿌리를 수확하되, 수확 시기는 11월부터 이듬해 초봄 사이가 좋다.

병충해 & 그 외 파종 정보
종자는 2년 이상 자란 지모에서 채취한다. 8월 말~9월에 열매를 비벼서 종자를 채취한 뒤 햇볕에 건조시킨 후 보관했다가 이듬해 봄에 묘판에 파종한다. 종자 채취 후 과육을 완전히 제거한 뒤 바로 직파해도 이듬해 싹이 올라온다. 지모는 묘판에 파종 후 15도 온도를 유지하면 1~3개월 사이에 발아하기 때문에 온도를 20~25도로 관리한다. 이 경우 12~24일 사이에 발아한다.

남부 지방의 지모 텃밭

홍화 꽃

혈액 순환에 좋은
홍화(잇꽃)

국화과 두해살이풀   Carthamus tinctorius   꽃 : 7~8월   높이 : 0.5~1.5m

월별 재배 일지	1	2	3	4	5	6	7	8	9	10	11	12
씨뿌리기			■	■					■	■	■	
솎아내기					■							
김매기					■							
밑거름 & 웃거름			■									
수확하기							■	■				

    홍화의 정식 명칭은 잇꽃이고 허브명은 샤플라워(Safflower)이다. 홍화라는 명칭은 한방에서 부르는 생약명으로, 국내에서는 홍화 씨 또는 홍화 씨 기름이라는 약재로 유명하다. 홍화의 주자생지는 북아프리카~이집트이고 드물게 유럽 지역에서도 자란다. 우리나라에는

홍화 줄기잎   홍화 상단잎

티벳, 중국 등에서 재배한 홍화가 유래된 것으로 추정된다.

원산지에서의 홍화는 여러해살이풀이지만 국내에서는 두해살이풀로 취급한다. 역사적으로는 고대 이집트에서 염료 및 약용 식물로 대량 재배한 기록이 있다.

홍화는 높이 30~150cm로 자라고 줄기나 가지 끝에 노란색, 주황색, 붉은색의 두상화가 무리지어 달린다. 어긋난 잎은 넓은 피침형이고 가장자리에 톱니가 있는데 톱니는 점점 가시처럼 뾰족해진다.

7~8월에 피는 꽃은 엉겅퀴 꽃과 비슷하지만 색상은 주황색 계열이다. 이 꽃을 건조시킨 것을 홍화라고 부르던 것이 생약명이 되었다.

홍화는 염료 식물 및 오일 추출을 목적으로 대규모 재배하는 상업 작물이다. 홍화는 세계적으로 약 70만 톤이 재배되고 있으며 이중 미국, 멕시코, 인도, 중국, 아랍 지역이 최대 생산국이다. 국내에서는 밭작물로 재배하기도 하고 밭 주변에 재미삼아 심기도 한다.

홍화 전초

이용 방법
어린 싹은 나물로 무쳐 먹는데 맛이 좋은 편이다. 홍화 씨에서 채종한 기름은 해바라기유와 비슷한 영양 성분이 있어 요리 및 약용으로 사용한다.
건조시킨 홍화 꽃은 샤프란 대용의 향신료로 사용하거나 노란색, 겨자색, 붉은색 천연 염료 및 식용 염료로 사용한다.

약용 및 효능
7~8월에 붉은색으로 변할 때 꽃을 수확해 그늘에서 건조시킨 후 약용하거나 홍화 씨앗을 약용한다. 혈액 순환, 무월경, 통증, 어혈에 의한 통증 등에 건조시킨 꽃 3~6g을 달여서 복용하거나 생꽃의 즙을 내어 복용한다. 임산부는 약용을 피한다. 홍화씨 기름은 각종 요리에 마가린처럼 사용하거나 샐러드 드레싱으로 사용한다. 다른 식용류보다 건강한 오일이기 때문에 다이어트식이 가능한 오일로 사용한다.

홍화 텃밭

홍화 어린 잎

재배 환경
용기 재배
수경(양액) 재배
베란다 텃밭
노지(옥상) 텃밭

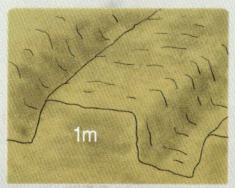
토양
이랑은 너비 0.7~1m로 만들고 2줄 내외로 식재한다.

파종
중부 지방은 4월 초순, 남부 지방은 3월 말 또는 가을에 5~7cm 깊이로 3~5립의 씨앗을 점뿌리기한다. 때에 따라 6~7월에 파종해도 그 해에 수확할 수 있다.

모종
본잎이 4~5매일 때 솎아내기를 한다. 재식 간격은 30cm 정도로 유지한다.

관리
솎아내기 후에는 김매기를 때때로 해주고, 장마철이 지나면 키가 훌쩍 자라므로 그 전에 지주대를 세운다.

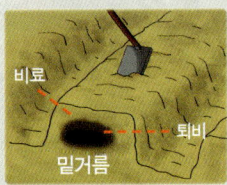
비료
밭두둑은 유기질 비료와 유황을 주고 만든다. 때에 따라 연 1회 정도 웃거름을 준다.

수확
7~8월에 꽃이 빨갛게 변한 후 줄기가 노란색~갈색으로 변할 때 전초를 베어 햇볕에 일주일 정도 말린 후 종자를 채취한다. 보통 개화 후 1개월 뒤쯤부터 수확할 수 있다.

병충해 & 그 외 파종 정보
종자는 인터넷 홍화 농장에서 쉽게 구입할 수 있다. 진딧물, 위축병, 탄저병에 주의한다. 물에 약하므로 장마 비에 꽃이 떨어지지 않도록 주의한다. 비바람에 꽃이 떨어지면 그만큼 열매 결실이 줄어드므로 종자 수확량이 줄어든다.

삽주 꽃

무기력증, 권태감에 좋은 약초
삽주(창출, 백출)

국화과 여러해살이풀 *Atractylodes ovata* 꽃 : 7~10월 높이 : 1m

월별 재배 일지	1	2	3	4	5	6	7	8	9	10	11	12
씨뿌리기				■						■		
아주심기					■							
솎아내기					■		■					
밑거름 & 웃거름					■			■				
수확하기				2~4년 재배 후 봄 또는 가을에 뿌리 수확								

먼 옛날 중국 어잠 마을의 학산에서 흰두루미가 약초 씨앗을 물고 와 땅에 심은 뒤 키웠다. 세월은 흐르고 흐르자 두루미는 스스로 약초가 되었는데 이것이 백출(白朮)이라는 식물이었다.

이듬해 음력 9월 9일, 미녀로 환생한 두루미는 흰 치마를 입고 구름과 함께 학산 마을로 내려와 어느 한의사의 부인에게 백출을 건네주며 복용법을 알려주고 사라진다. 다음해 9월 9일에도 미녀가 나타나자 호기심이 생긴 한의사의 부인이 미녀의 치마에 실을 꿰고 몰래 뒤쫓아간다. 부인이 미녀를 몰래 쫓아가 보니 미녀는 안개처럼 사라졌고 그 자리에 천년 묵은 백출이 자라고 있었다. 한눈에 천년 묵은 약초라는 것을 눈치챈 부인은 탐욕에 눈이 멀어 백출을 손으로 캤는데 그 순간 사방이 금빛처럼 환해지더니 부인의 눈이 멀어버렸고 백출은 온데간데 없이 사라진다.

이 전설에 의해 흰두루미가 살았다는 학산 마을은 지금도 백출 재배지로 유명하다. 또한 학산 마을에서 나는 백출은 다른 곳에서 나는 백출과 구별하기 위해 특별히 '어출' 이라고 부른다.

중국 의학에서의 백출(Atractylodes macrocephala Koidz)은 매우 진기한 약재이지만 지금은 야생 백출이 거의 없다시피 할 정도로 멸종되었다. 백출의 효능을 경험한 후대 사람들은 백출을 구할 수 없자 삽주를 백출 대용의 약초로 사용하였다. 삽주는 식물학적으로 볼 때 백출의 아버지뻘 식물이라고 알려져 있다.

동양 의학에서 매우 진기한 약재로 인기 있는 삽주는 우리나라의 깊은 산 능선에서 더러 보이는 초본 식물이다.

삽주의 뿌리는 마디가 있고 굵은 수염뿌리가 있으며 특유의 향이 있다. 뿌리에서 근생엽과 함께 올라온 줄기는 높이 1m로 자라며 상단에서 잔가지가 여러 군데로 갈라진다.

잎의 모양은 상단부와 하단부가 다른데 하단부 잎은 어긋나며 깃꼴 모양으로 3~5개의 작은 잎으로 갈라지고 가장자리에 톱니가 있고 앞면엔 윤기가 돌지만 가을에는 윤기가 사라지고 다소 딱딱해진

삽주 잎

다. 상단 잎은 잎자루가 거의 없으며 깃꼴 모양으로 갈라지지 않으며 가장자리에 톱니가 있다. 잎 모양은 산에서 삽주를 발견할 때 가장 중요한 구별 포인트이다.

  삽주의 꽃은 이가화이며 7~10월에 줄기나 가지 끝에 두상화로 달린다. 꽃의 색상은 흰색이거나 붉은색이다. 두상화의 크기는 2cm 내외이고 그 안에 20~30개의 관상화가 무리지어 달린다. 대롱 모양처럼 생긴 관상화는 끝이 5개로 갈라져 깨알 같은 꽃잎이 달린 것처럼 보인다. 수과의 열매는 9~10월에 열리고 갈색 털로 뒤덮여 있다.

삽주 뿌리

홍천 아미산의 야생 삽주

이용 방법
어린 삽주의 뿌리는 실뿌리 모양이므로 상품 가치는 물론 약용 및 효능이 없다. 몇해 동안 잘 자란 야생 삽주의 뿌리는 비정형의 울퉁불퉁한 도라지 뿌리 모양이다. 삽주를 텃밭에서 키운 뒤 수확할 경우에는 가급적 2~4년 키운 뒤 봄이나 가을에 뿌리를 채취한다. 채취한 뿌리는 창출 혹은 백출이란 약재를 만들어 약용한다.

부드러운 어린 잎과 뿌리는 비타민 A의 함량이 높으므로 나물로 무쳐 먹어도 나름대로 고소하다. 이와 달리 성숙한 잎은 조금 딱딱한 편이므로 나물로 섭취할 수 없다.

약용 및 효능
우리나라의 경우 백출을 볼 수 없기 때문에 보통은 삽주의 뿌리로 창출(蒼朮)과 백출(白朮)을 만든다. 흔히 뿌리줄기에서 흙을 제거한 뒤 햇볕에 말린 것을 창출이라고 한다. 창출은 발한, 이뇨, 감기, 소화, 위장염, 진통, 식욕부진, 이질, 말라리아, 수종, 야맹증, 비장, 하리에 효능이 있으며 특히 권태감이나 무기력 증세에 좋다.

삽주의 뿌리줄기의 껍질을 완전히 벗긴 뒤 햇볕에 말린 것은 백출이라고 한다. 백출은 발한, 이뇨, 감기, 소화, 황달, 관절염, 비장, 하리, 자양강장, 산통, 위염, 당뇨, 식욕증진에 좋으며 백발을 검정색 모발로 만들고 시력강화, 콩팥 질환, 대장염, 유산방지, 권태감, 뼈를 튼튼히 하고 피부를 좋게 만든다. 최근 연구에 의하면 백출에 항암 성분이 있는 것으로 알려져 있다.

뿌리를 불태워 집 안이나 포목을 훈증하면 곰팡이가 끼지 않는다.

재배 환경
용기 재배
수경(양액) 재배
베란다 텃밭
노지(옥상) 텃밭

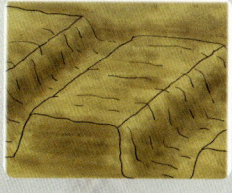
토양
물빠짐이 좋은 모래 참흙이나 사질 양토 권장. 면적 5~7평 주변에 큰 고랑을 만들고 작물을 심는 이랑에는 적당한 간격으로 작은 고랑을 만든다.

파종
봄에는 벚꽃이 필 무렵, 가을에는 단풍이 질 무렵 노지에 점뿌리기 또는 줄뿌리기로 파종한다.

모종
온실에서 육묘한 뒤 노지 이식할 수도 있다. 포기 간격은 15cm로 한다.

관리
반그늘의 다소 서늘한 환경에서 잘 자란다. 햇볕에 노출된 장소에서 재배할 경우 반차광 시설이 필요하다.

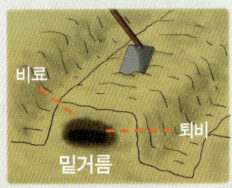

비료
밭두둑은 유기질 비료를 충분히 주고 만든다. 웃거름은 15cm 높이로 자랐을 때 1회 주고 여름~가을에 1회 더 주는 것이 뿌리의 수확량을 높인다.

수확
여러해살이 풀이므로 매년 가을에 꽃대를 제거하고 2~4년간 키운다. 뿌리는 파종 2~4년 뒤 봄이나 가을에 수확한다.

병충해 & 그 외 파종 정보
야생에서 종자를 채취할 경우 9월~11월 초 사이에 꽃이 지고 열매에 갈색 관모가 생기고 종자 색깔이 갈색일 때 채취한다. 종자는 채취한 열매를 햇볕에 3일 정도 말린 뒤 손으로 비벼서 채취한다. 삽주는 직파 번식 외에 모종 이식, 아분법으로 번식할 수 있다.

개똥쑥 열매

암에 효능이 있는
개똥쑥

국화과 한해살이풀 *Artemisia annua* 꽃 : 6~8월 높이 : 1m

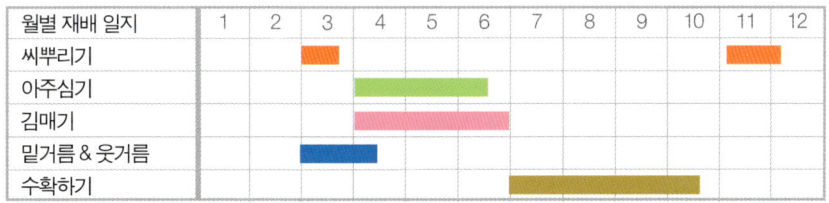

월별 재배 일지	1	2	3	4	5	6	7	8	9	10	11	12
씨뿌리기												
아주심기												
김매기												
밑거름 & 웃거름												
수확하기												

 개똥숙은 '사철쑥', '더위지기', '돼지풀'과 잎 모양이 비슷하기 때문에 구별하는 것이 어렵다. 일반적으로 줄기가 갈색이고 줄기 하단부가 목질화되어 있고 어린 줄기에 털이 있으면 더위지기, 줄기 하단부가 목질화되었고 봄에 털이 있는 경우는 사철쑥, 줄기가 녹색

개똥쑥 어린 잎

이고 털이 없으며 하단부가 목질화되지 않은 경우는 개똥쑥이다. 개똥쑥은 잎을 비비면 허브와 비슷한 약간 향긋한 향이 나므로 일단 잎을 비벼서 냄새를 맡아 봐야 한다.

개똥쑥은 우리나라와 중국, 대만, 일본 등지에서 자생한다. 뿌리잎은 당근잎과 비슷하고 더위지기 잎보다는 조금 가늘다.

줄기는 녹색이고 상단부에서 가지를 치고 높이 1m로 자란다.

어긋난 잎은 3회깃꼴겹잎이고 표면에 가로줄 같은 잔털과 선점이 있고 잎자루는 빗살 모양 톱니가 있고 갈라진 잎들은 끝 부분이 날카로운 편이다.

6~8월에 피는 꽃은 수상꽃차례로 달린 뒤 전체적으로 원뿔 모양 꽃차례가 된다. 꽃의 색상은 황색이자 꽃잎이 잘 벌어지지 않아 둥근 공 형태인 경우가 많고 가을이면 갈색으로 시든다.

열매는 9월에 갈색으로 결실을 맺는다.

개똥쑥은 한해살이풀이지만 매년 씨앗이 떨어져 자연스럽게 발아를 한다. 우리나라에서는 농가 주변의 빈터나 강가에서 흔히 자라는데 돼지풀과 완전히 다른 식물이므로 돼지풀을 개똥쑥으로 오인하지 않도록 한다.

개똥쑥 꽃

개똥쑥 전초

이용 방법
꽃이 피기 전 또는 가을에 전초를 채취한 뒤 햇볕에 건조시키고 약용한다. 잎에서 허브 오일을 추출한 뒤 조미료로 사용한다. 술을 담가 먹는다.

약용 및 효능
오한, 말라리아, 항암, 항균, 구풍, 방부, 소화불량, 해열에 효능이 있는데 특히 항암 및 말라리아 예방에 좋다. 3~10g을 달여서 복용한다. 코피, 종기에는 생잎을 짓찧어서 바른다. 종자는 피로회복에 효능이 있다.

재배 환경
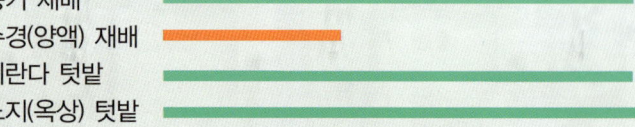
용기 재배
수경(양액) 재배
베란다 텃밭
노지(옥상) 텃밭

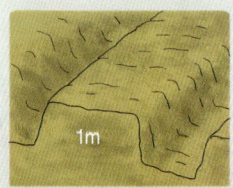
토양
비옥한 사질 양토에서 잘 자란다. 이랑 너비 1m. 비닐 피복 재배 권장.

파종
3월 초순 묘판에 파종 또는 11월에 직파. 봄에 온도가 7~10도 이상일 때 흙과 섞어서 점뿌림으로 파종한다. 볏짚을 덮어두면 4~7일 뒤 발아한다.

모종
필요한 경우 파종 1개월 뒤인 4~6월에 노지에 이식한다. 가을이면 크게 자라므로 재식 간격은 50cm로 한다.

관리
본밭에 직파한 경우 1개월 뒤 솎아내어 재식 간격을 50cm로 넓힌다. 김매기를 해준다.

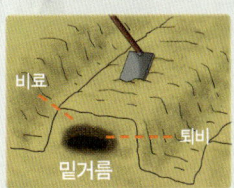

비료
파종 1개월 전 유기질 비료와 퇴비 등을 주고 밭두둑을 만든다. 웃거름은 상태를 보아가며 필요한 경우에 준다.

수확
약쑥 종류는 단오 전후, 개화 전에 채취한 것이 약효가 좋지만 수량 때문에 여름~가을에 수확하기도 한다. 세척한 뒤 햇볕에 건조시킨다.

* 개똥쑥은 줄기가 녹색이다.

병충해 & 그 외 파종 정보
봄에 인터넷 개똥쑥 농장에서 모종을 구입해 심을 수도 있다. 개똥쑥 모종은 4~6월 사이에 심을 수 있다. 늦가을에 종자를 파종하면 이듬해 싹이 올라온다.

황금 꽃

소염, 염증, 간염, 태동불안에 사용하는
황금(속썩은풀)

국화과 한해살이풀   Artemisia annua   꽃 : 7~8월   높이 : 60~80cm

월별 재배 일지	1	2	3	4	5	6	7	8	9	10	11	12
씨뿌리기				■	■	■				■	■	
김매기					■	■						
꽃대 순자르기								■				
밑거름 & 웃거름			■	■		■		■				
수확하기			■	■	■	■				■	■	

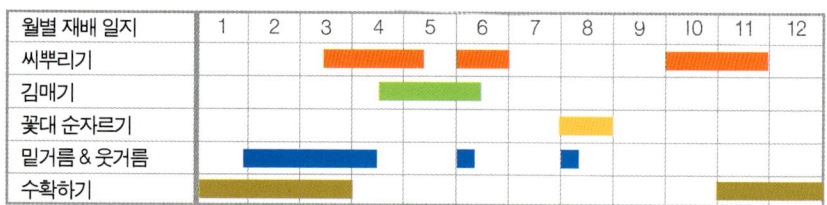

　황금은 우리나라와 중국, 몽골, 시베리아 등지의 바닷가 암석 지대에서 해발 2,000m 사이에서 자생한다. 국내의 경우 자생지보다는 약초 재배를 통해 많이 알려졌다. 전체적으로 골무 꽃과 유사하지만 잎 모양이 전혀 다르기 때문에 쉽게 구별할 수 있다. 어린 잎은 식용

황금 잎

이 가능하고 뿌리와 종자는 약용할 수 있지만 임산부는 식용 및 약용을 피한다.

　황금은 땅속뿌리에서 네모진 줄기가 무리지어 올라온 뒤 높이 60m로 자라지만 생장이 좋으면 80cm 높이까지 자란다. 줄기는 많이 갈라지며 전체적으로 잔털이 있고 처음에는 곳곳이 자라다가 점점 누워 자라는 경향이 있다.
　마주난 잎은 좁은 피침형이고 가장자리가 밋밋하게 생겼다. 잎이 마주나면서 촘촘히 나기 때문에 골무 꽃 종류와 비교할 때는 잎 모양을 보면 손쉽게 구별할 수 있다.
　보라색 꽃은 7~8월에 총상꽃차례로 피고 꽃차례에도 작은 잎이 있다. 수술은 4개인데 2개는 길고 2개는 짧은 이강웅(二强雄)이고 암술대는 끝이 불규칙하게 두 갈래로 갈라져 있다.
　8월에 결실을 맺는 열매는 수과이고 골무 꽃 열매와 조금 비슷하지만 다소 둥근 형태이다.

황금 텃밭

황금 어린 잎

황금 열매

황금 전초

이용 방법
황금의 어린 싹은 나물로 무쳐먹고 뿌리와 종자는 약용한다. 꿀풀과 식물은 임산부에 좋지 않으므로 임산부는 오용 및 과다복용을 피하고, 4세 이하의 아이들에게도 처방을 피한다.

약용 및 효능
3~4년 이상 자란 황금의 뿌리를 채취한 뒤 세척하고 햇볕에 건조시킨 후 약용한다. 뿌리의 수확 적기는 봄~초여름이다. 태동불안(태아진정), 황달, 출혈, 이질, 설사, 만성간염, 고혈압에 효능이 있다. 보통 3~10g을 달여서 복용한다. 황금 종자에는 전립선암에 좋은 유효성분이 있다.

재배 환경
용기 재배
수경(양액) 재배
베란다 텃밭
노지(옥상) 텃밭

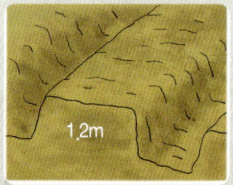
토양
자갈밭은 피하고 모래 참흙이 좋다. 이랑은 너비 1.2m로 만들고 3~4줄로 밀식 파종한다. 피복 재배 권장.

파종
텃밭에 골을 낸 뒤 춘파는 3월 중순~5월 상순, 이모작은 6월, 추파는 10~11월에 직파하는데 추파가 가장 좋다. 묘두 번식은 봄·가을에 할 수 있다.

모종
봄 파종은 대략 2~3주 뒤 싹이 올라오고, 가을 파종은 이듬해 싹이 올라온다. 포기 간격은 10~15cm, 줄 간격은 30~40cm가 좋다.

관리
배수가 불량하면 뿌리썩음병이 발생하므로 장마철 배수 관리에 신경쓰고 8월경 꽃대 상단 10cm를 잘라 뿌리를 튼실히 한다.

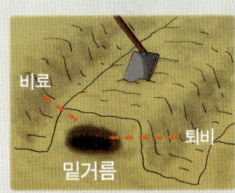

비료
파종 20~30일 전에 유기질 비료를 주고 밭두둑을 만든다. 파종 후 6월 상순과 8월 상순에 웃거름을 듬뿍 준다.

수확
뿌리는 봄~초여름 또는 10월 말 전초가 노랗게 물들 때 수확한다.

병충해 & 그 외 파종 정보
종자는 2~3년 자란 황금에서 채종하되 꽃이 핀 40~60일 뒤 잎이 누렇게 변할 때 전초를 잘라 햇볕에 말린 후 털어서 종자를 채취한다. 중부 이남 재배를 권장하는데 국내의 경우 전라남도 해안에서 많이 재배한다. 입고병, 뿌리썩음병, 진딧물 등이 발생한다. 이모작이 가능하지만 연작은 생육이 불량하므로 다른 밭에서 재배한다.

익모초 꽃

어머니에게 유익한 약초
익모초

꿀풀과 두해살이풀 Leonurus japonicus Houtt 꽃 : 7~8월 높이 : 1m

월별 재배 일지	1	2	3	4	5	6	7	8	9	10	11	12
씨뿌리기								■				
김매기									■	■		
솎아내기									■	■		
밑거름 & 웃거름							■	■		■		
수확하기						■	■					

　우리나라의 논둑이나 밭둑, 들판에서 흔히 자라는 식물이다. 다른 약초와 달리 들판, 황무지, 길가, 논두렁 등의 약한 습한 곳에서 자생하므로 토양을 가리지 않는 식물임을 알 수 있다. 우리나라뿐 아니라 중국, 대만, 일본에서도 자생하는데 중국에서는 해발 3,400m

까지 자생지가 분포되어 있다.

익모초는 '육모초' 또는 '개방아'라고도 불린다. 뿌리에서 올라온 줄기는 사각형 모양이고 잔털이 있다. 줄기는 높이 1m 내외로 자라고 잔가지가 많이 갈라진다. 뿌리잎은 달걀 모양에서 점점 가장자리가 많이 갈라지면서 성숙하면 잘게 갈라진다. 마주난 줄기잎은 3개로 갈라진 뒤 2~3개로 다시 갈라지고 가장자리에 둔한 톱니가 있어 가느다란 손가락처럼 갈라진 것처럼 보인다.

태백산의 익모초

자웅동체의 익모초 꽃은 7~8월에 연한 자주색으로 개화하는데 마디에서 층층으로 돌려서 난다. 화관은 입술 모양이고 꽃받침은 5개, 수술은 4개이다. 열매는 꽃받침 속에 들어 있는데 견과이고 9~10월에 성숙한다.

익모초(益母草)는 어머니에게 유익한 풀이라는 뜻으로 주로 여성병에 효능이 있다. 중의학에서는 중요하게 다루는 50가지의 약초 중 하나이다.

익모초 잎

익모초 뿌리

이용 방법
전초를 약용하되 주로 지상부를 약용한다. 꽃, 잎, 줄기, 종자를 약용하되 종자가 가장 약효가 좋다.

약용 및 효능
여름에 꽃이 다 피지 않았을 때 지상부를 잘라서 잘 말린 뒤 약으로 달여 먹는다. 혈액순환, 이뇨, 혈압강하, 진통, 월경불순, 월경과다, 자궁내막염, 부정자궁출혈, 생리통, 불임증, 냉증, 난산, 분만 후 자궁회복 및 출산에 도움을 준다. 부인병에 효능이 있지만 남성의 정력 증진에도 도움을 준다. 보통 9~18g씩 달여 먹는다.
익모초의 열매는 충위자(茺蔚子)라 하는데 8~10월에 채취한 뒤 해열, 월경불순, 대하, 산후어혈, 두통, 안과 질환에 6~10g씩 달여 복용하거나 외용한다.

어린 익모초 잎

조금 더 자란 익모초 잎

익모초 열매

재배 환경
용기 재배
수경(양액) 재배
베란다 텃밭
노지(옥상) 텃밭

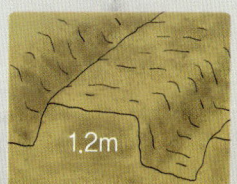
토양
토양을 가리지 않지만 조금 촉촉한 곳에서 잘 자란다. 이랑너비 1.2m.

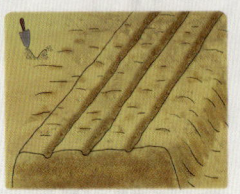

파종
8월 하순 씨앗을 채취한 뒤 바로 노지에 줄뿌림으로 파종한다.

모종
1~2주일 뒤 싹이 나오면 솎아내기를 하여 포기 간격을 20~30cm로 만든다.

관리
추석 전후에 가볍게 비료를 주고, 물 관리는 약간 촉촉하게 한다.

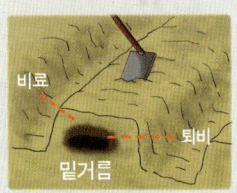

비료
파종 1개월 전 밭두둑을 유기질 비료를 주고 만든다. 웃거름은 추석 전후에 가볍게 준다.

수확
이듬해 7~8월에 꽃이 피기 직전에 지상부를 수확해 음건한 뒤 약용한다.

병충해 & 그 외 파종 정보
8~9월에 열매가 익으면 탈탈 털어서 종자를 채취한다. 비료를 많이 요구하지 않지만 가뭄에 약하므로 물을 조금 촉촉하게 관수한다.

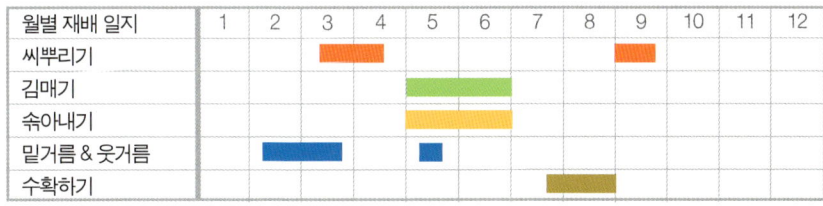

꿀풀 꽃

유방암에 좋은
꿀풀(하고초)

꿀풀과 여러해살이풀   *Prunella vulgaris*   꽃 : 7~8월   높이 : 20~30cm

월별 재배 일지	1	2	3	4	5	6	7	8	9	10	11	12
씨뿌리기			■	■				■	■			
김매기					■	■						
솎아내기					■	■						
밑거름 & 웃거름		■	■		■							
수확하기							■	■				

　　꿀풀은 세계적으로 흔하게 자생한다. 국내에서는 농촌의 야산 풀밭과 무덤가 풀밭에서 흔히 볼 수 있다. 지방에 따라 '꿀방망이' 또는 '가지골나물' 이라 불리는 꿀풀은 한방에서 '하고초' 라고 부르며 약용한다. 유방암에 좋은 유효 성분이 있어 최근 큰 인기를 끌고 있

꿀풀 텃밭

꿀풀 뿌리

꿀풀의 뿌리잎

다. 그러나 이 식물 역시 꿀풀과 식물이므로 임산부의 오남용을 피한다.

꿀풀은 땅속에서 잎이 먼저 나온 뒤 네모진 꽃대가 높이 20~30cm로 자란다. 잎은 다소 주걱 모양의 긴 타원형이고 줄기에서 마주난다. 꽃대 하단에서 지면을 기는 줄기가 나오는데 이 줄기에 의해 저절로 번식한다.

7~8월에 원기둥형의 수상꽃차례로 자잘한 꽃이 모여 달린다. 꽃차례의 길이는 5cm이고 포마다 각각 3개의 꽃이 달리고 수술은 4개이다.

열매는 꽃이 사라지면서 바로 결실을 맺는다. 보통 7~8월에 황갈색으로 성숙한다.

꿀풀의 유사종은 흰꿀풀(for. albiflora), 붉은꿀풀(for. lilacina), 두메꿀풀(for. aleutica)이 있다.

꿀풀 전초

이용 방법
어린 순은 식용한다. 샐러드, 나물로 무쳐먹는다. 건조시킨 잎 또는 싱싱한 잎을 잘게 썬 뒤 물과 함께 끓여 허브티로 마신다.

약용 및 효능
꽃이 피어 있을 때 전초를 채취한 뒤 그늘에서 음건하고 약용한다. 유방암, 임질, 결핵, 종기, 이뇨, 혈압강하, 전염성 간염, 신장염, 방광염, 결막염, 인후염, 다래끼, 항균에 효능이 있다. 최근 연구에 의하면 에이즈 치료 및 당뇨병 예방에 좋은 성분이 함유된 것으로 밝혀졌다.

재배 환경
용기 재배
수경(양액) 재배
베란다 텃밭
노지(옥상) 텃밭
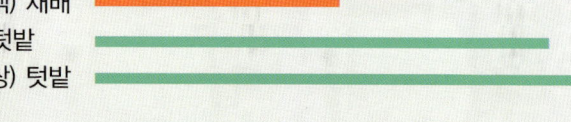

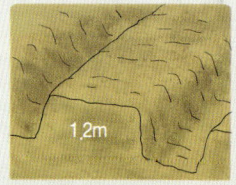
토양
토양을 가리지 않지만 양지바르고 비옥한 사질 양토에서 더 잘 자란다. 이랑 너비 1.2m.

파종
7월경 열매 수확 후 건조시킨다. 9월 초 탈곡해 종자를 꺼낸 후 모래와 섞어 줄뿌림으로 파종. 또는 이듬해 3월 중순~4월 중순까지 열매를 보관한 뒤 탈곡해 노지 파종한다.

모종
싹이 올라온 뒤 본잎이 3~5매이면 솎아내기를 하여 줄 간격 25~30cm, 포기 간격 15~20cm로 만든다.

관리
건조에 견디는 힘이 있지만 너무 건조하지 않도록 촉촉하게 관수하되 침수에 주의한다. 싹이 올라온 20일 뒤부터 김매기를 2회 한다.

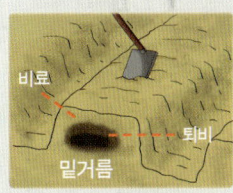

비료
파종 20~30일 전 유기질 비료와 퇴비 등을 충분히 주고 밭두둑을 만든다. 웃거름은 5월 중순에 준다.

수확
8월 전후 꿀풀 꽃차례가 반쯤 시들 때 전초를 수확한 뒤 음건한다.

병충해 & 그 외 파종 정보
꿀풀은 봄 또는 가을에 포기나누기로 번식할 수 있다. 꿀풀은 일단 밭을 조성하면 저절로 씨앗이 떨어져 이듬해 생산량이 더 많아진다. 봄에 파종하면 보통 10~15일 뒤 발아한다. 물을 너무 많이 주면 조기에 잎이 시든다.

배초향 꽃

곽향 또는 방아잎이라고 불리는
배초향(곽향)

꿀풀과 여러해살이풀 *Agastache rugosa*   꽃 : 7~9월   높이 : 1~1.5m

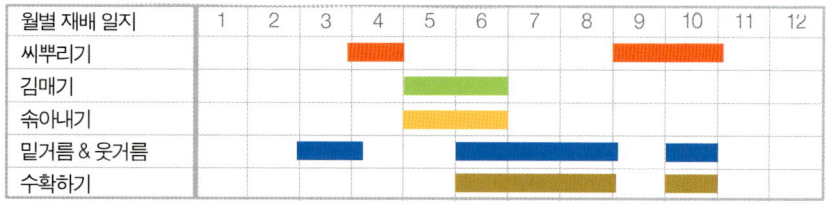

월별 재배 일지	1	2	3	4	5	6	7	8	9	10	11	12
씨뿌리기				■					■			
김매기					■	■						
솎아내기					■	■						
밑거름 & 웃거름				■		■	■		■			
수확하기						■	■		■	■		

배초향은 우리나라와 중국, 일본 등지에서 자생한다. 우리나라에 서는 깊은 산 고지대는 물론 농가 주변에서 흔히 볼 수 있다. 지방에 따라 '방아풀' 또는 '깨나물' 이라고 불린다. 경상도에서는 방아잎 나물이라는 것이 있는데 이것은 배초향 잎으로 만든 나물이다. 이

배초향 열매

배초향 텃밭

배초향 잎

배초향 어린 잎

식물 역시 꿀풀과 식물이므로 임산부의 오남용을 피한다.

　배초향은 잎이 먼저 나온 뒤 줄기가 올라오는데 상단부에서 잔가지가 많이 갈라진다.

　줄기에서 마주난 잎은 잎자루가 있고 타원형이고 가장자리에 톱니가 있다.

　7~9월이면 자주색의 꽃이 윤산꽃차례로 달리는데 보통 여름이 끝나갈 무렵 배초향의 꽃이 활짝 핀 모습을 볼 수 있다. 꽃차례는 원통형이고 원통형 꽃차례에 자잘한 꽃들이 돌려서 난다. 꽃받침은 5개로 갈라지고 꽃봉오리는 입술 모양이다. 윗입술은 작고 아랫입술은 끝 부분이 5개로 갈라지고 수술은 4개이다.

　달걀 모양의 열매는 9월에 결실을 맺는다.

　배초향은 향이 매우 진할 뿐 아니라 잎 모양도 좁은 깻잎 모양이기 때문에 쉽게 알아볼 수 있다.

노추산의 배초향

이용 방법
배초향의 어린 순은 나물로 먹을 수 있으며 잎은 잘 말린 뒤 차로 마시고 싱싱한 잎은 쌈밥, 전으로 식용한다. 특유의 향이 있으므로 장어, 보신탕 같은 고기 요리나 생선 요리의 비린내를 없애는 향신료로 사용할 수 있다. 배초향 차는 입 냄새 제거에 좋다.

약용 및 효능
꽃이 필 무렵의 전초를 채취한 뒤 음건한 뒤 약용한다. 항암, 항균, 소화불량, 감기, 두통, 발한, 위염, 진통, 구토에 효능이 있다.

재배 환경

용기 재배
수경(양액) 재배
베란다 텃밭
노지(옥상) 텃밭

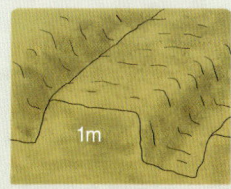
토양
비옥한 사질 양토에서 잘 자란다. 이랑 너비 1m.

파종
4월에 노지에 점뿌리기로 파종한다. 하우스 재배는 9~10월에 파종해도 된다. 또는 이른 봄이나 가을에 포기나누기로 번식한다.

모종
모종 이식은 4월 중순~5월 중순이 좋다. 줄기에서 잔가지가 수없이 갈라지므로 재식 간격은 30cm가 좋다.

관리
수분을 보통으로 관수한다. 김매기는 3회 실시하는데 3~5cm 자랐을 때, 10cm 자랐을 때, 20cm 자랐을 때 한다.

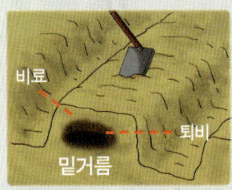

비료
파종 20~30일 전 유기질 비료와 퇴비 등을 주고 밭 두둑을 만든다. 웃거름은 지상부를 수확할 때마다 반드시 준다.

수확
6~8월에 지상부를 1차 수확하고, 10월에 지상부를 2차 수확한 뒤 양건한다.

병충해 & 그 외 파종 정보

배초향은 뿌리가 약하기 때문에 김매기를 성실히 하고, 수확을 한 뒤에는 때맞춰 웃거름을 줘야 한다. 1년에 통상 3회 웃거름을 주기도 한다. 웃거름을 주지 않으면 수확 후 고사할 확률이 많다.

지황의 꽃

혈당 강하, 당뇨, 양혈, 생진에 좋은
지황

현삼과 여러해살이풀 *Rehmannia glutinosa* 꽃 : 6~7월 높이 : 15~20cm

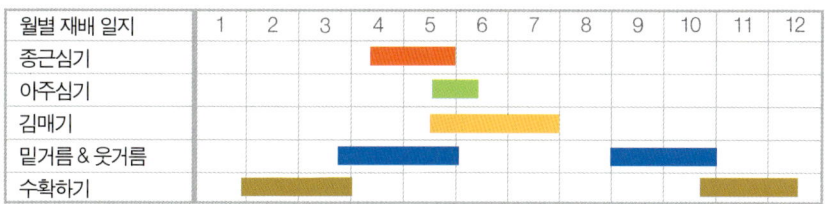

월별 재배 일지	1	2	3	4	5	6	7	8	9	10	11	12
종근심기												
아주심기												
김매기												
밑거름 & 웃거름												
수확하기												

중국, 몽고 지역에서 자생하는 지황은 국내의 경우 약용 목적으로 재배하면서 많이 알려졌다. 원산지에서는 해수면 높이에서 길가, 도로변, 해발 1,100m의 산기슭까지 분포한다. 지황의 기본 서식지는 숲가 반그늘과 얼룩 그늘이지만 양지에서도 원활한 성장을 보인다.

지황 전초

뿌리를 가공하는 방법에 따라 '숙지황', '생지황', '건지황' 이란 약재로 사용한다.

지황의 땅속 뿌리는 감색이고 굵다. 중부 지방 기준 늦봄이나 초여름에 땅속 뿌리에서 뿌리잎이 모여나고 긴 꽃대가 높이 15~20cm로 자라면서 바로 꽃이 개화한다. 전초에는 잔털이 밀생해 있다.

어긋난 줄기잎은 표면이 쪼글쪼글하고 잔털이 밀생해 있고 잎 가장자리에 톱니가 있다.

지황의 꽃은 6~7월에 꽃대 끝에서 총상꽃차례로 달린다. 꽃의 색상은 분홍색~진홍색이며 종 모양이고 꽃부리가 5개로 갈라져 있다. 꽃과 꽃받침에도 잔털이 밀생해 있지만 개량종의 경우 잔털이 적은 품종도 있다. 수술은 4개인데 그중 2개는 길다. 비바람이 불면 꽃대가 쉽게 쓰러진다. 지황은 여러 가지 품종이 있으므로 가급적 잔뿌리가 적고 굵게 자라는 품종을 재배하는 것이 좋은데 일반적으로 잎이 넓은 품종이 뿌리도 굵다.

지황 잎

지황 뿌리잎

이용 방법
10~11월에 수확한 뿌리를 껍질을 깎아 낸 뒤 약한 불 또는 햇볕에 말린 것은 건지황, 세척한 뒤 생것으로 사용하면 생지황, 수증기로 여러 번 쪄내서 사용하면 숙지황이다. 뿐만 아니라 지황의 잎과 꽃도 약용할 수 있다. 잎과 뿌리는 식용할 수 있지만 뿌리에 독성이 있으므로 요리로 섭취하려면 9번 삶아야 한다고 한다. 뿌리를 잘못 섭취하면 설사, 복통, 현기증이 발생할 수도 있다.

지황 텃밭

약용 및 효능
한의학에서 많이 사용하는 인기 약초이다. 당뇨, 혈당, 살균, 이뇨, 해열, 지혈, 양혈, 피부에 좋고 심장을 보(補)한다. 빈혈, 암, 출혈, 변비, 기침, 현기증에 좋은 유효성분이 함유되어 있지만 지황의 대표적인 효능은 피를 보하는 보혈, 양혈 기능이다. 잎은 피부 상처나 개선피부염에 사용한다. 일반적으로 5~15g을 약용한다. 술을 담가 먹거나 엿을 만들어 먹기도 한다.

6월 초~중순의 지황 꽃

재배 환경
용기 재배
수경(양액) 재배
베란다 텃밭
노지(옥상) 텃밭

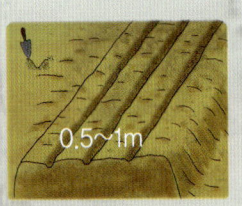
0.5~1m

토양
유기질의 사질 양토를 권장한다. 이랑은 너비 0.5~1m로 만든 뒤 2~4줄 내외로 식재. 비닐 피복 재배 권장.

파종
4월 중순~5월에 굵은 뿌리는 약용하고 5~7mm 굵기의 수염뿌리의 위와 아래 끝은 잘라내고 5~7cm 길이의 종근을 만든 뒤 축축한 모래흙에 심고 짚을 덮어두면 10~30일에 싹이 트인다.

모종
본잎이 2~4매로 자랄 때 6월 초순경 노지에 아주 심는다. 포기 간격 10cm, 열 간격 30cm 권장. 4월 중순 이후 노지에 종근을 바로 심은 경우 비닐 피복 재배 권장.

관리
본잎이 4~5매일 때 김매기를 한다. 여름~가을에 꽃대를 수시로 제거하면 뿌리가 굵어진다. 뿌리 부근은 밟지 않는다.

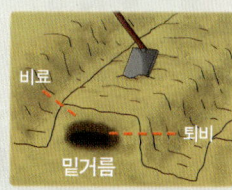
비료
종근을 이식하기 20~30일 전, 또는 전년도 가을에 밭두둑을 유기질 비료와 칼리 비료를 주고 만든다. 웃거름은 9~10월에 2회 정도 준다.

수확
겨울을 나면 뿌리의 품질이 나빠지므로 일반적으로 10월 중순~11월 중순에 뿌리를 수확해야 하며, 늦어도 이듬해 3월까지 수확한다.

병충해 & 그 외 파종 정보
지황은 국내에 10여 종 이상의 개량 품종이 있다. 봄이면 인터넷 지황 농장에서 종근을 구입할 수 있다. 병충해로는 뿌리썩음병, 시들음병, 점무늬병, 도둑나방 등이 발생한다. 물빠짐이 나쁜 토양에서는 이랑 너비를 50cm 내외로 하여 물빠짐이 좋도록 한다.

중국패모 꽃

진해, 해수, 나력에 약용하는
중국패모(절패모, 점패모)

백합과 여러해살이풀 *Fritillaria thunbergii* 꽃 : 4~5월 높이 : 30~80cm

월별 재배 일지	1	2	3	4	5	6	7	8	9	10	11	12
인경번식							▬	▬	▬			
아주심기								▬	▬			
김매기			▬	▬								
밑거름 & 웃거름			▬	▬			▬	▬				
수확하기						▬	▬					

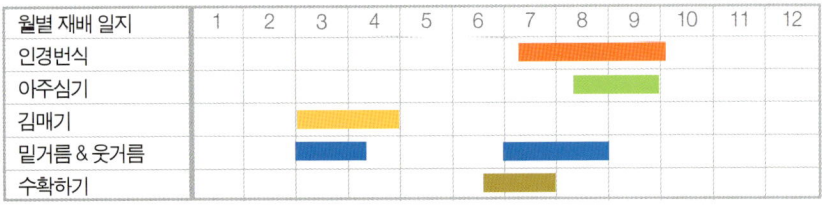

　중국패모는 중국의 해수면에서 해발 600m 사이에서 자생한다. 주 자생지는 대나무 숲의 그늘지고 습한 장소이지만 햇볕 아래에서도 양호한 성장을 보인다. 우리나라 품종으로는 북한 지방과 만주에서 자생하는 '패모'가 있는데 꽃의 색상이 자주색이다. 둘 다 한방에서

중국패모 잎

는 '패모'라고 부르며 진해약으로 사용한다.

  땅속뿌리는 비늘줄기 모양이고 육질이다. 뿌리에서 가느다란 잎이 모여나고 높이 30~80cm의 긴 꽃대가 올라온다. 중국패모와 달리 우리나라 토종 패모는 높이 30cm 내외로 자란다.

  줄기 잎은 돌려나기로 자라고 잎의 끝 부분이 덩굴손처럼 휘어져 있다.

  4~5월에 피는 꽃은 잎겨드랑이에서 1개씩 달리고 꽃대 하나당 1~4개의 꽃이 달린다. 꽃의 모양은 종 모양이고 꽃의 색상은 아이보리색, 꽃잎 안쪽에 그물형 점 무늬가 있다. 수술은 6개이고 암술머리는 3개로 갈라진다.

  5~6월에 성숙하는 열매는 삭과의 육각형 모양이고 6개의 날개가 있다.

중국패모 어린 잎

중국패모 텃밭

우리나라의 경우 패모보다는 중국패모를 더 많이 재배하는데 중국 공급처의 가격 단합과 횡포 때문에 최근에는 국산 패모 보급을 많이 하는 양상이다.

이용 방법
여름~가을에 비늘줄기를 수확한 뒤 마르지 않은 상태에서 즉시 물에 담그고 모래를 넣어 젓는 방식으로 껍질을 벗긴다. 큰 것은 심아를 제거하여 이등분으로 쪼갠 뒤 석회를 바른 후 고르게 스며들게 하고 24~36시간 재워두었다가 햇볕에 건조시킨다. 어린 잎과 꽃은 요리로 사용한다. 중국에서는 지름 3cm 이하의 비늘줄기를 튀김 또는 설탕 졸임으로 먹는다.

약용 및 효능
진해, 거담, 기침, 폐렴, 해열, 해독, 나력, 연주창, 농양 등에 약용한다. 4.5~9g을 달여 복용하거나 외용한다. 중국 민간에서는 유방암 치료에 사용한 기록이 있지만 이 경우 전문가의 처방을 받는 것이 좋다.

중국패모 전초

재배 환경
- 용기 재배
- 수경(양액) 재배
- 베란다 텃밭
- 노지(옥상) 텃밭

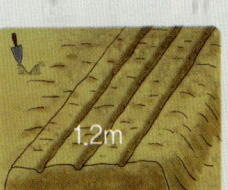
토양
비옥토에서 잘 자란다. 이랑은 너비 1.2m로 만들고 15cm 간격으로 줄을 내어 식재한다.

파종
8월 하순~9월에 비늘줄기로 번식. 무게 10~20g 내외는 노지에 직접 심고 10g 이하는 묘판에 심어 뿌리를 내리게 한다. 4~5cm 깊이로 심는다.

모종
묘판에 심은 경우 보통 2주 뒤 뿌리를 내리므로 8월 하순~9월에 노지에 아주 심고 짚을 덮어두면 이듬해 싹이 올라온다. 재식 간격 15cm.

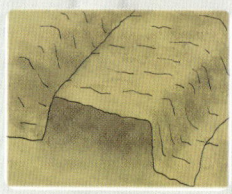

관리
습하면 비늘줄기(뿌리)가 썩으므로 습하지 않도록 관리한다. 가뭄에 비교적 잘 견딘다.

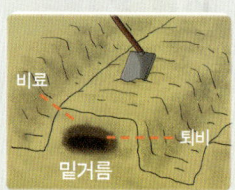

비료
밭두둑은 유기질 비료와 퇴비를 주고 만든다. 이듬해 봄에 싹이 올라오면 웃거름을 준다.

수확
노지에 심은 이듬해 5~6월에 줄기가 누렇게 시들면 비늘줄기를 수확한다. 20g 이상은 약용, 20g 이하는 번식용. 번식용은 해를 넘기면 번식률이 떨어지므로 그 해에 심는다.

병충해 & 그 외 파종 정보
비늘줄기는 인터넷 중국 패모 농장에서 구입할 수 있다. 인편을 쪼개어 묘판에 심어도 되지만 1~2년 육묘하는 과정이 필요하고 그 후 노지에 아주 심는 번거로움이 있다. 병충해로는 잿빛곰팡이병, 시들음병, 뿌리썩음병, 굼벵이 등이 있다.

삼백초 꽃

간 해독을 위한 약초
삼백초

삼백초과 여러해살이풀 *Saururus chinensis* 꽃 : 6~8월 흰색 높이 : 1m

월별 재배 일지	1	2	3	4	5	6	7	8	9	10	11	12
씨뿌리기		■	■						■	■		
아주심기					■	■						
솎아내기						■	■					
밑거름 & 웃거름					■							
수확하기						■	■					

꽃, 잎, 뿌리 등 세 군데가 백색이라고 해서 삼백초라고 부른다. 속명 Saururus는 그리스어에서 유래된 말로 꽃의 모양이 도마뱀 꼬리를 닮았다고 하여 붙었다.

양지바른 곳에서 자란 삼백초는 줄기 상단 잎이 백색으로 변하지

열매   잎

만 음지에서 자란 삼백초의 잎은 백색이 되지 않는다.

　삼백초는 습지 같은 얕은 물가에서 사는 호습성 식물이다. 국내에서는 습지, 연못가, 강가, 축축한 풀밭, 숲 양지바른 곳의 작은 늪 주변에서 자라는데 주로 제주도에 자생지가 많다.

　흰색 뿌리줄기에서 높이 1m 내외의 줄기가 올라온다. 잎은 줄기에서 어긋나고 잎자루는 줄기를 감싼다. 잎의 모양은 심장형에 가깝고 가장자리는 밋밋하고 표면에 6개 내외의 뚜렷한 맥이 있다. 햇볕을 많이 받으면 상단 잎들이 흰색으로 변한다.

　꽃은 6~8월에 이삭꽃차례로 달리는데 꽃차례의 길이는 10~20cm 내외이다. 원형의 소포가 있으며 꽃잎은 없고 수술은 6개 내외, 심피는 4개 내외이다. 열매는 8월에 꼬리 모양으로 달리고 작은 알갱이 같은 씨앗들이 촘촘히 달린다.

　삼백초는 국내뿐 아니라 중국, 대만, 일본, 베트남, 필리핀, 라오스, 캄보디아 등에서 자생한다. 중국에서는 저지대부터 해발 1,700m 지점까지 삼백초가 자생한다. 국내에서는 멸종 위기종이기 때문에 환경부에서 희귀종(지정 번호 식-50)으로 지정하였다.

전초

이용 방법
전초를 삼백초(三白草)라 하며 약용하지만 보통은 뿌리와 꽃을 약용한다.

약용 및 효능
삼백초는 항균, 해독, 부종, 각기, 황달, 대하, 종기, 임탁, 습열, 간염, 습진, 천식, 이뇨, 하제에 효능이 있는데 특히 염증에 효과가 좋다. 최근 연구에 의하면 항당뇨 성분도 있는 것으로 알려졌다.

삼백초 뿌리

삼백초 싹

산백초 밭

재배 환경
- 용기 재배
- 수경(양액) 재배
- 베란다 텃밭
- 노지(옥상) 텃밭

토양
늪지, 연못, 도랑 얕은 곳에서 재배하되, 물가가 아닌 곳에서 재배할 때는 충분히 축축한 비옥토 권장. 이랑 너비 30cm.

파종
이른 가을에 종자를 채취해 냉상에 직파하거나 이듬해 이른 봄에 냉상에 파종한다. 보통은 봄에 분주나 근삽으로 번식한다.

모종
봄에 5~10cm 길이의 어린 뿌리를 땅 속 1~2cm 밑에 비스듬히 심으면 새 싹이 올라온다. 재식 간격 15cm.

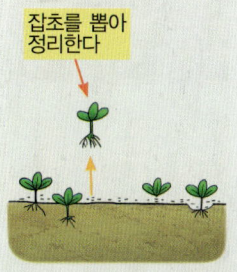

관리
잡초가 발생하면 제때 김매기한다.

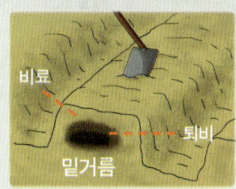

비료
밭두둑은 유기질 비료를 주고 만든다. 웃거름은 연 1회 꼴로 줘도 충분하다.

수확
5~6월에 꽃이 필 때 뿌리와 꽃을 포함한 전초를 수확해 세척한 뒤 햇볕에 말린다.

병충해 & 그 외 파종 정보

분주 번식은 보통 봄철에 한다. 7~8월에 분주 번식한 경우 포트에 심은 뒤 겨울을 춥지 않은 곳에서 지내고 이듬해 늦봄에 노지에 이식한다. 중부 지방의 노지에서 재배할 때는 겨울에 뿌리 부근을 짚으로 멀칭하여 동해 방지를 한다. 항생제 성분이 있는 식물이므로 병충해에는 강한 편이다.

약모밀 꽃

천연 항생제인
약모밀(어성초)

삼백초과 여러해살이풀 *Houttuynia cordata* 꽃 : 5~6월 높이 : 50cm

월별 재배 일지	1	2	3	4	5	6	7	8	9	10	11	12
씨뿌리기		■	■									
아주심기					■	■						
솎아내기						■	■					
밑거름 & 웃거름				■			■					
수확하기						■	■	■	■	■		

 잎의 모양이 메밀 잎과 비슷하지만 약으로 사용한다 하여 약모밀이라고 부른다. 잎을 비비면 고기 비린내 비슷한 악취가 난다고 하여 어성초(魚腥草)라고도 말한다.
 약모밀은 주로 중부 이남의 숲속 그늘진 곳의 축축한 곳에서 볼 수

약모밀 재배밭

있다.

  줄기는 높이 20~50cm 내외이고 하트 모양의 잎이 어긋나게 달린다. 잎의 가장자리는 밋밋하고 잎자루의 아래에 턱잎이 있다.

  꽃은 5~6월에 수상화서로 달리는데 꽃받침과 꽃잎은 없고 총포가 십자형으로 갈라지면서 꽃잎처럼 보인다. 수술은 3개이고 암술대도 3개이다.

약모밀

이용 방법
전초를 약용한다. 베트남, 인도의 몇몇 부족들은 잎을 샐러드로 먹거나 요리 장식, 카레, 생선 요리에 사용한다. 잎에서 생선 비린내가 나기 때문에 튀김으로 먹는 것이 좋다. 중국의 일부 부족은 뿌리를 뿌리야채와 비슷한 방식으로 먹는다. 일본에는 건조시킨 약모밀 잎으로 만든 해독 주스가 있다.

어린 약모밀 잎

성숙한 약모밀 잎

약용 및 효능
항생제보다 뛰어난 항균, 항염, 항바이러스 효능이 있다. 임질에 특히 효능이 있고 폐렴, 이뇨, 기관지염, 장염, 부스럼, 치질에도 좋다. 태평양전쟁 당시 일본군들은 주둔지 부근에 이 식물을 심어놓고 항생제 대용으로 사용한 기록이 있다. 전초에 항비만 성분이 함유되어 있다.

약모밀 열매

재배 환경
용기 재배
수경(양액) 재배
베란다 텃밭
노지(옥상) 텃밭

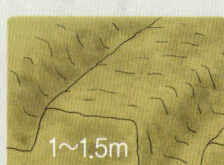
토양
너무 축축한 토양은 피하고 보습성이 적당한 비옥토 권장. 이랑 너비 1~1.5m.

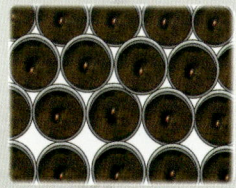
파종
봄에 종자를 포트에 2~3립씩 심은 뒤 온실에서 키운다. 또는 가을에 땅속줄기를 잘라 심는다.

모종
종자로 심은 약모밀은 늦봄~초여름에 노지에 이식한다. 재식 간격 15cm.

관리
잡초가 발생하면 제때 김매기한다.

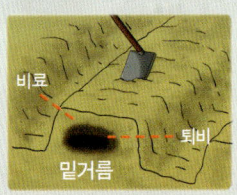

비료
밭두둑은 유기질 비료를 주고 만든다. 웃거름은 연 1회 꼴로 줘도 충분하다.

수확
여름~가을에 싱싱한 잎과 줄기, 또는 전초를 채취해 세척한 후 햇볕에 말린 뒤 약용한다.

병충해 & 그 외 파종 정보
텃밭에서 재배할 경우 다소 축축한 땅을 권장하지만 너무 축축하면 왕성하게 번식하여 다른 작물을 침범하므로 너무 축축하지 않도록 관수한다. 중부 지방의 노지에서 재배할 때는 겨울에 뿌리 부근을 보온 처리하여 동해 방지를 한다. 항생제 성분이 있는 식물이므로 병충해에는 강하다.

구절초 꽃

여성의 불임에 효능이 있는
구절초

국화과 여러해살이풀　*Dendranthema zawadskii*　꽃 : 7~9월　높이 : 70cm

월별 재배 일지	1	2	3	4	5	6	7	8	9	10	11	12
씨뿌리기			■	■								
아주심기					■							
솎아내기						■						
밑거름 & 웃거름			■									
수확하기						■	■	■	■			

　　구절초는 우리나라의 산과 들에서 흔히 자라는 식물이다. 음력 9월 9일에 채취한 것이 가장 약효가 좋다고 하여 구절초(九折草)라는 이름이 붙었다. 국내에서는 '들국화' 라고도 불리는데 국화와는 엄연히 다른 식물이다. 약으로 달여 먹을 경우 부인병 치료에 좋기 때문

구절초 전초

에 부인을 위한 약초라고도 불린다. 구절초는 우리나라 외에 중국, 몽고, 러시아에서도 자생한다.

구절초의 땅속줄기는 옆으로 벋으며 자라고 줄기는 높이 70cm로 자란다. 줄기에서는 잔가지가 갈라지거나 갈라지지 않고 털이 있거나 털이 없다. 뿌리잎은 잎의 가장자리가 갈라진 주걱 모양이고 줄기잎은 가장자리가 깊게 갈라진다.

구절초의 꽃은 9~11월에 줄기 끝에서 한 송이씩 달린다. 꽃의 지름은 5cm 내외, 색상은 흰색이거나 연한 붉은색이다. 열매는 수과고 10월에 성숙한다.

유사종으로는 산구절초(C. zawadskii Herbich), 바위구절초(C. zawadskii Herb. var. alpinum Kitamura), 서흥구철초(C. zawadskii Herb. var. leiophyllum T. Lee) 등이 있는데 모두 잎 모양이 조금씩 다르지만 구절초와 같은 방식으로 약용할 수 있다.

구절초 술은 가을에 채취한 줄기와 잎, 꽃을 잘 말린 뒤 칡, 설탕, 소주 등과 섞어 담근 뒤 3~4개월 뒤 하루에 2~3잔씩 마시면 되는데 식용증진과 강장에 좋고 특히 여성병에 효능이 높다.

구절초 잎

구절초 뿌리

묘천구절초

포천구절초 잎

산구절초

산구절초 뿌리잎

이용 방법
말린 꽃은 술을 담가먹는데 구절초 술은 자양강장에 효능이 있다. 싱싱한 꽃은 요리 장식용으로 사용한다. 말린 줄기와 잎은 부인병에 약용한다.

약용 및 효능
부인의 월경불순, 불임, 위장병, 소화불량에 30~60g씩 달여서 복용한다.

재배 환경
용기 재배
수경(양액) 재배
베란다 텃밭
노지(옥상) 텃밭

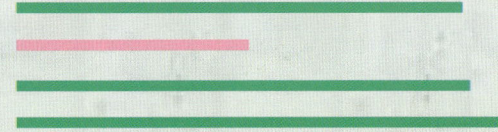

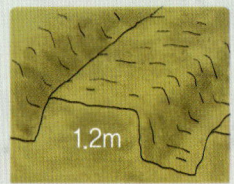
토양
양지바른 사질 양토에서 잘 자란다. 이랑 너비 1.2m.

파종
3~4월에 묘판에 점뿌리기 또는 줄뿌리기로 파종한다.

모종
묘판에 파종한 경우 1년간 키운 뒤 이듬해 4월 하순경 텃밭에 이식한다.
재식 간격 15~20cm.

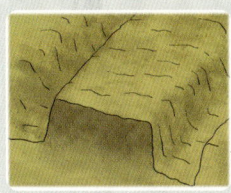

관리
과습하면 생육이 불량하므로 고랑을 깊게 파서 과습하지 않도록 한다.

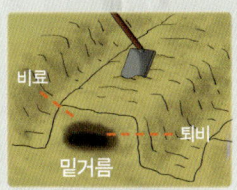

비료
밭두둑은 유기질 비료를 주고 만든다. 웃거름은 주지 않아도 된다.

수확
늦여름 꽃이 필 무렵에 줄기와 잎을 수확하여 햇볕에 말린 뒤 약용한다.

병충해 & 그 외 파종 정보
10월 말~11월 초에 열매를 채취한 뒤 비벼서 종자를 채취하여 건조 저장한다. 가뭄에도 비교적 잘 견딜 뿐 아니라 비료를 많이 요구하지 않으므로 텃밭 주변의 화단 또는 절개지에 식재한다. 약용 목적으로 재배할 경우 공해가 심한 도로변은 피한다. 밀식하거나 습기가 많으면 거미, 진드기, 진딧물, 잿빛곰팡이, 총채벌레, 뿌리썩음병 등이 발생할 수 있다.

천궁 꽃

혈액 순환에 좋은
천궁

미나리과 여러해살이풀 *Cnidium officinale* 꽃 : 8월 높이 : 60cm

월별 재배 일지	1	2	3	4	5	6	7	8	9	10	11	12
씨뿌리기			■							■		
아주심기					■							
솎아내기						■						
밑거름 & 웃거름			■									
수확하기										■	■	

　　중국 원산의 천궁은 국내에 약용 식물로 들어온 식물로서 중국천궁 또는 토천궁이라고 부른다. 비슷한 식물로는 일본에서 들어온 약용 식물 왜천궁(일천궁)이 있다. 국내 자생종 천궁인 '궁궁이'는 전국의 깊은 산 축축한 개울가나 늪가에서 자생한다. 보통 강원권에서

재배하는 천궁은 추위에 강한 중국산 천궁이고 경상도권에서 재배하는 천궁은 추위에 약한 일본산 천궁이다.

예로부터 천궁은 중국 사천성 천궁이 좋다고 정평이 나 천궁(川芎)이란 명칭도 '사천(四川)에서 가져온 궁궁(芎窮)'이라는 뜻에서 붙었다.

천궁 전초

천궁의 땅속 뿌리는 울퉁불퉁하고 뿌리에서 올라온 줄기는 높이 60cm 내외로 자란다. 줄기 속은 비어 있고 잔가지가 많이 갈라지고 하단부에 잎자루가 긴 잎이 달리며 잎자루 밑이 줄기를 감싼다. 줄기 상단부 잎은 어긋나게 달리고 두 번 3출엽하는 깃꼴겹잎이며 잎 가장자리에 깊은 톱니가 있다.

8월에 피는 꽃은 흰색이며 복산형화서로 달린다. 꽃잎은 5개, 수술도 5개, 암술은 1개이다. 약용으로 재배하는 천궁은 장구한 세월 동안 개량된 품종이기 때문에 종자가 미숙 상태로 결실을 맺고 이 때문에 종자 번식을 하지 못한다. 텃밭에서 재배할 경우에는 보통 천궁 모종으로 재배하거나 근삽으로 번식시킨다.

천궁 잎

천궁 열매

천궁 재배 단지

천궁의 어린 잎

천궁의 조금 자란 모습

이용 방법
천궁의 어린 잎은 쓴맛을 우려낸 뒤 나물로 무쳐먹을 수 있는데 나름대로 괜찮은 맛이다. 죽어가는 소나무에 천궁 우려낸 물을 주면 소나무가 살아난다. 뿌리는 좀약 기능을 하기 때문에 옷장에 넣어둔다.

약용 및 효능
뿌리를 천궁이라 부르며 약용한다. 각종 마비 증세, 혈액 순환, 콧물, 항균, 협심증, 몸이 으스스한 기운, 무겁고 나른한 증세에 3~6g을 달여 먹는다. 그 외 진통, 두통, 동통, 빈혈, 종기, 월경불순, 난산, 스트레스에도 효능이 있다. 천궁 추축물에는 피부미백 성분이 함유되어 있다.

재배 환경
용기 재배
수경(양액) 재배
베란다 텃밭
노지(옥상) 텃밭

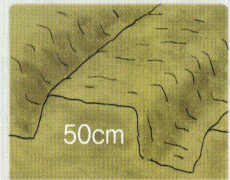
토양
물빠짐이 좋은 부식질의 비옥하고 양지바른 토양을 권장. 서늘한 장소 권장. 이랑 너비 50cm.

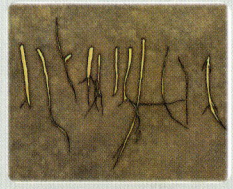
파종
3월 말 전후, 10월 중하순에 노두 또는 근삽으로 번식. 근삽은 잔뿌리에 눈을 붙여 나무재에 묻힌 후 심으면 된다.

모종
잎이 몇 장 올라오면 적당히 솎아내어 포기 간격을 10~20cm로 밀식한다.

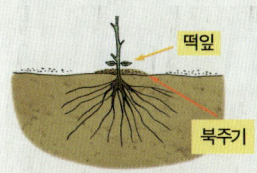

관리
봄에 심은 경우 장마철 전후에 김매기를 한다. 9월에 북주기를 하면 뿌리에 영주 모양의 노두가 생긴다.

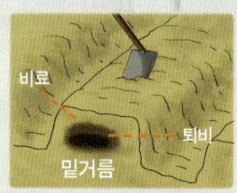

비료
파종 1개월 전 밭두둑을 유기질 비료를 주고 만든다. 웃거름은 퇴비와 계분을 섞어서 준다.

수확
1년생은 11월 중하순, 2년생은 이듬해 10월 하순 전후에 잎이 노랗게 변했을 때 뿌리를 수확한다.

병충해 & 그 외 파종 정보
천궁은 가을에 북주기를 하면 뿌리에 둥근 모양의 뿌리육질인 노두가 생긴다. 노두 번식은 노두를 떼어내어 봄, 가을에 심는 방식으로 번식하는 것을 말한다. 약용 목적으로 수확한 뿌리는 70도의 뜨거운 물에 15분 이상 담가 벌레 알을 죽인 후 서늘한 곳에서 건조시킨 후 밀봉저장해야 충해의 피해를 입지 않는다.

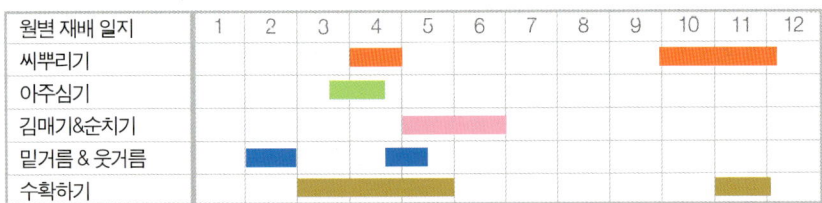

혈액 순환에 특히 좋은
당귀(참당귀)

하기산형과 여러해살이풀 Angelica gigas   꽃 : 8월   높이 : 1~2m

월별 재배 일지	1	2	3	4	5	6	7	8	9	10	11	12
씨뿌리기				■						■	■	
아주심기				■								
김매기&순치기					■	■						
밑거름 & 웃거름		■			■							
수확하기				■	■					■	■	

　한약방에서 말하는 당귀는 우리나라와 중국, 일본에서 자생하는 '참당귀' 이고 마트에서 판매하는 당귀는 일제 강점기에 우리나라에 도입된 일본산 당귀인 '왜당귀(일당귀)' 이다. 원래 당귀를 좋아했던 일본인들이 높은 산에서 자생하는 한국산 당귀를 구할 수 없자 자국

참당귀 전초

참당귀 열매

참당귀 뿌리잎

참당귀 잎

참당귀 한약재

산 왜당귀를 도입했다고 한다. 약용은 참당귀가 좋지만 쌈으로 먹기에는 왜당귀가 좋다. 향이 더 좋은 참당귀는 쌈으로 먹기에는 잎이 두텁기 때문에 쌈용으로는 왜당귀를 많이 먹는다.

참당귀는 깊은 산 계곡가에서 외따로이 자란다. 줄기는 높이 1~2m로 자라고 자줏빛이 돌고 세로줄이 있다.

잎은 어긋나고 기수 1~3회 우상복엽으로 소엽은 3개로 완전히 갈라지고 다시 2~3회 갈라진다. 입자루는 칼집 모양으로 되어 원줄기를 감싼다. 참당귀의 잎은 두텁고 거칠지만 왜당귀의 잎은 얇고 윤채가 있으므로 이 점으로 구별할 수 있다.

8~9월에 가지와 줄기 끝에 겹우산 모양 꽃차례로 자주색 꽃이 핀다. 왜당귀의 꽃은 흰색이다.

9~10월에 성숙하는 열매는 타원형이고 날개가 있다.

참당귀의 뿌리는 매우 굵은 편이고 잔뿌리가 많다. 토종 참당귀의 뿌리는 구하기도 힘들뿐더러 가격도 높게 받을 수 있다.

이용 방법
어린 잎은 쌈으로 먹고 뿌리는 당귀라는 약재를 만든다. 가을~이듬해 봄 사이에 뿌리를 캐어 햇볕에 말린 뒤 약용하거나 분말을 만들어 당귀전을 만든다.

약용 및 효능
당귀 뿌리는 혈액순환, 관절통, 신체허약, 월경불순, 복통, 두통 등에 효능이 있다. 한방에서는 약방의 감초처럼 여러 한약을 조제할 때 같이 넣는 약재이다. 9~15g을 달여서 복용한다. 염좌에는 당귀액을 바른다.

왜당귀 잎

재배 환경
용기 재배
수경(양액) 재배
베란다 텃밭
노지(옥상) 텃밭

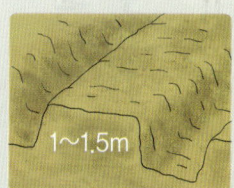
토양
비옥한 사질 양토에서 잘 자란다. 이랑 너비 1~1.5m.

파종
2월 중 물에 6시간 담근 뒤 냉동고에 2일 얼린 뒤 묘판에 파종. 5월 중 가식해 1년간 육묘. 늦가을에 채종한 종자를 바로 직파하는 것이 좋다.

모종
묘판에 파종한 경우 가식해 육묘한 뒤 이듬해 3월 하순~4월 중순에 본밭에 이식한다. 줄간격 40cm, 포기간격 25cm.

잡초를 뽑아 정리한다

관리
2년차부터 종자를 채취하려면 꽃대를 키우고, 뿌리를 수확하려면 꽃대를 바로 순지르기 한다. 때때로 김매기를 하고 웃자란 잎도 순지르기 한다.

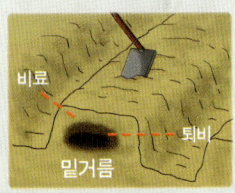

비료 / 퇴비 / 밑거름

비료
본밭에 이식하기 20~30일 전에 유기질 비료와 퇴비를 주고 밭두둑을 만든다.
웃거름은 본밭에 심은 20~30일 뒤에 준다.

수확
2년차 11월이나 3년차 봄에 뿌리를 수확한 뒤 처마에 걸어 건조시킨다. 거의 건조되면 45도의 물에 담갔다가 60도의 물에 5~6분 담근 뒤 다시 건조시킨다.

병충해 & 그 외 파종 정보
1년차에 가식 육묘할 때 실하게 키우지 않도록 주의한다. 종자 파종법은 종자를 뿌린 뒤 흙을 긁어 슬쩍 덮어주는 방식이다. 무가온 하우스 농법으로 재배할 경우 육묘 기간을 70일 내로 줄일 수 있다.

백선 꽃

각종 피부 질환에 좋은
백선

운향과 여러해살이풀 *Dictamnus dasycarpus*   꽃 : 5~6월 높이 : 90cm

월별 재배 일지	1	2	3	4	5	6	7	8	9	10	11	12
씨뿌리기				■			■			■		
아주심기					■							
김매기					■	■						
밑거름 & 웃거름			■								■	
수확하기				■	■	■	■	■	■	■	■	■

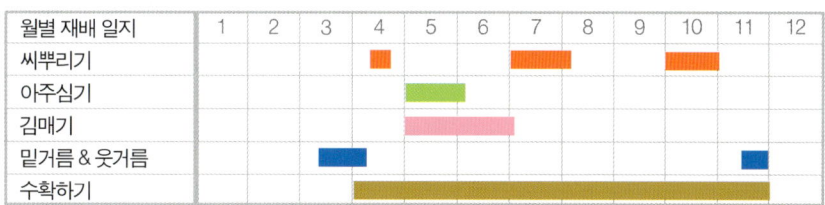

　백선은 우리나라와 중국, 시베리아에서 자생한다. 우리나라의 경우 해발 800m 이하 산지와 해안가 야산까지 자생 범위가 넓은데 주로 양지바른 풀밭이나 얼룩그늘 밑에서 자생한다. 자생지를 보면 보통 대여섯 주 내외가 몇 미터 간격으로 떨어진 상태로 자생하는데

백선 잎

백선 뿌리

특히 공해 오염이 없는, 도로에서 멀리 떨어져 있는 시골 야산에서 많이 볼 수 있다.

  백선은 땅속에 두툼한 뿌리를 가지고 있다. 뿌리가 깊게 들어가 있기 때문에 뿌리를 채취하려면 모종삽 대신 중간 크기의 삽이 필요하다.

  백선의 꽃대는 높이 50~90cm로 자란다. 어긋난 잎은 2~4쌍의 작은 잎으로 되어 있다. 잎은 조금 광택이 있고 두꺼운 육질을 가지고 있다. 잎에 털이 많은 것은 털백선이라고 하며 북한땅에서 자생한다.

  백선의 꽃은 5~6월에 꽃대 끝에서 총상꽃차례로 달린다. 꽃잎은 5개이고 꽃의 지름은 2.5cm, 수술은 10개이다.

  전초에서는 운향과 특유의 귤과 비슷한 냄새가 난다.

  7월에 결실을 맺는 열매는 끝이 5갈래로 갈라져 있다. 열매는 늦가을에 저절로 벌어지고 씨앗이 낙과한다.

백선 전초

이용 방법
중부 이북은 봄과 가을에, 남부 지방은 여름에 뿌리를 수확한 뒤 수염 뿌리는 제거하고 세척한 뒤 뿌리심은 제거하고 뿌리껍질을 약용한다. 뿌리로 술을 담글 수 있다.

약용 및 효능
항균, 항암에 좋은 유효 성분이 함유되어 있다. 또한 청열, 해독, 오한 증세에 효능이 있다. 6~15g을 달여서 복용한다. 개선피부염, 피부양진에는 달인 물을 외용한다.

재배 환경

용기 재배
수경(양액) 재배
베란다 텃밭
노지(옥상) 텃밭

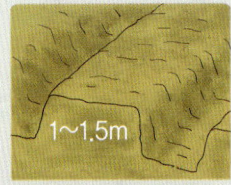
토양
부식질의 비옥한 사질 양토에서 잘 자란다. 이랑 너비 1~1.5m. 점질 토양은 피한다.

파종
7월 중순 채종한 종자를 직파하거나 7일간 건조시킨 뒤 모래와 섞어 통풍이 잘 되는 곳에 보관한 뒤 10월에 파종하면 이듬해 발아한다. 또는 노천매장 후 이듬해 4월 중순에 파종한다.

모종
어린 묘는 관수를 조금 촉촉하게, 성숙하면 관수를 줄인다. 장마철에 조금이라도 침수되면 뿌리썩음병이 발생하므로 배수에 신경 쓴다.

관리
어린 묘는 관수를 조금 촉촉하게, 성숙하면 관수를 줄인다. 장마철에 조금이라도 침수되면 뿌리 썩음병이 발생하므로 배수에 신경쓴다.

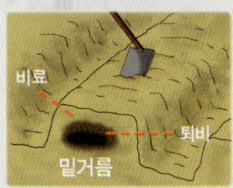

비료
파종 20~30일 전에 유기질 비료와 퇴비를 주고 밭두둑을 만든다.
웃거름은 11월 말 하순에 준다.

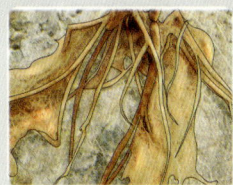

수확
파종 후 3년차부터 꽃이 개화한다. 뿌리는 3년차부터 봄~가을에 수확하는데, 꽃대가 보일 때마다 순지르기 하면 뿌리가 커진다.

병충해 & 그 외 파종 정보
분주 번식이 어렵지만 10월에 싹을 붙여 분주한 뒤 발근촉진제에 5분 동안 담갔다가 조금 말린 뒤 심으면 번식된다. 종자의 적합한 발아 온도는 16~20도이다. 거름을 흠뻑 주면 뿌리가 커지는 대신 잎이 웃자라므로 거름을 적당히 준다.

태안의 백선

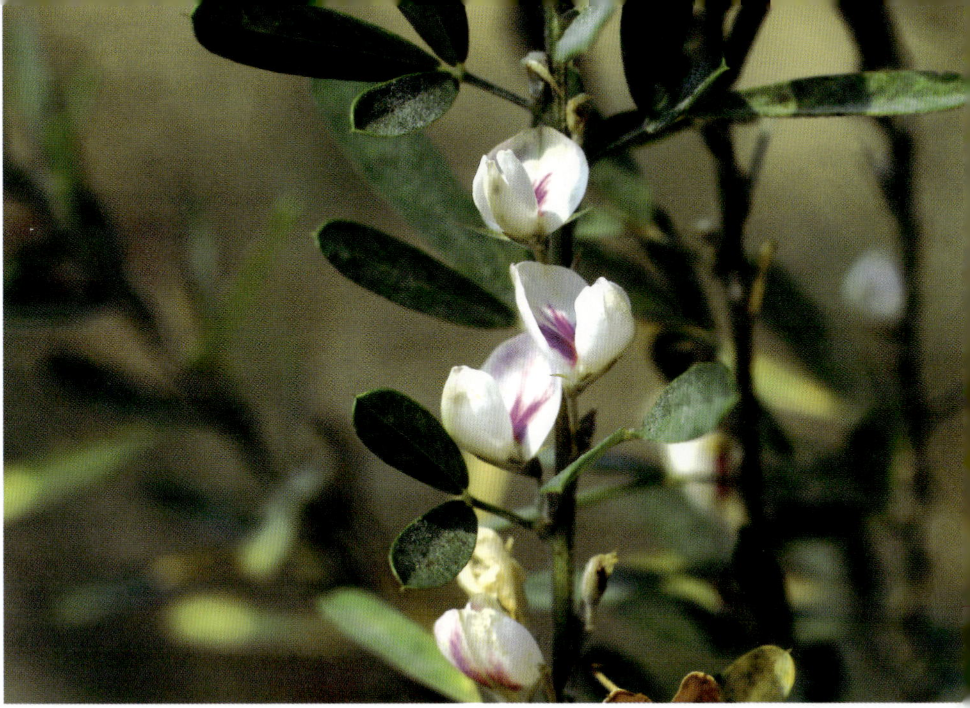

비수리(산형꽃차례)

정력과 시력감퇴에 좋은

비수리(야관문)

콩과 여러해살이풀/초본성 목본 Lespedeza cuneata 꽃 : 8~9월 높이 : 1m

월별 재배 일지	1	2	3	4	5	6	7	8	9	10	11	12
씨뿌리기				■	■							
아주심기					■	■						
김매기, 중경					■	■	■	■	■	■		
밑거름 & 웃거름			■			■	■	■		■		
수확하기						■	■	■		■	■	

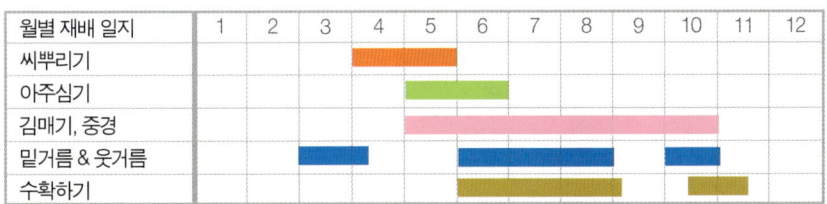

비수리는 우리나라와 중국, 히말라야산맥, 일본 등지에서 자생한다. 국내에서는 전국의 들판은 물론 바닷가 풀밭에서도 더러 보인다. 흔히 정력에 좋은 약초라고 알려지면서 무단 채취가 많아져 요즘은 비수리를 전문으로 재배하는 농장까지 생겨났고 이에 덩달아

비수리 전초

도심에서도 약재 노점상들이 비수리를 판매하는 것을 흔히 볼 수 있다.

비수리의 줄기는 높이 1m로 자라고 어린 가지는 능선과 함께 털이 있다.

어긋난 잎은 3출엽이고 잎의 모양은 도피침형, 표면에는 털이 없고 뒷면에 잔털이 있다.

꽃은 8~9월에 개화를 하는데 꽃이 산형꽃차례로 달리면 '비수리', 총상꽃차례로 달리면 '호비수리' 라고 본다.

비수리의 열매는 납작한 달걀형이고 10월에 결실을 맺는다. 열매 안에는 1개의 종자가 들어 있다.

비수리는 비슷한 품종끼리 교잡을 하여 '청비수리' 같은 품종이 생겼고, 꽃이 화려한 '꽃비수리' 등이 있다. 약용 목적으로 재배할 때는 다른 유사종을 피하고 '비수리'만 키우는 것이 좋다.

호비수리(총상꽃차례)

비수리 잎

꽃비수리

이용 방법
비수리는 뿌리를 포함한 전초를 개화기에 수확한 뒤 싱싱한 상태로 약용하거나 또는 햇볕에 건조시킨 뒤 약용한다. 어린 잎은 물에 충분히 우려낸 뒤 끓는 물에 데친 후 나물로 무쳐먹는다. 잎과 줄기를 녹비로 사용하면 토양이 비옥해진다.

약용 및 효능
비수리의 지상부와 뿌리를 야관문(夜關門)이라는 생약명으로 부른다. 간과 신장을 보하고 보익, 유정, 유뇨, 시력감퇴, 야뇨증, 결막염, 백대하, 급성 유선염, 회충, 장염에 효능이 있다. 건품은 15~30g, 싱싱한 것은 30~60g을 달여서 복용한다.

재배 환경
용기 재배
수경(양액) 재배
베란다 텃밭
노지(옥상) 텃밭
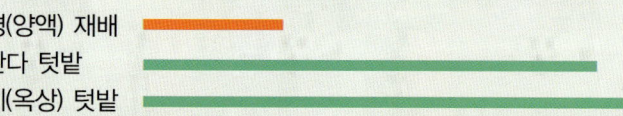

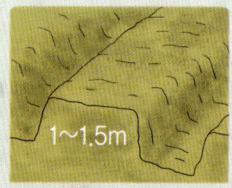
토양
황무지에서도 잘 자라지만 지상부 수확이 목적이므로 부식질의 비옥토 권장. 이랑 너비 1~1.5m.

파종
10월에 채종한 종자를 건조 저장한 뒤 이듬해 3~4월 온수에 24시간 침전했다가 20립씩 점뿌리기로 파종하고 1cm 두께로 흙을 덮어준다. 이랑 너비 1~1.5m.

모종
필요한 경우 이식은 5~6월에 한다.
줄 간격 30~40cm, 포기 간격 30cm.

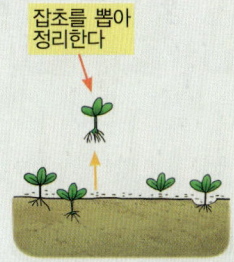

관리
싹이 5~10cm 자랐을 때 솎아내기와 김매기를 한다. 수확할 때마다 수확 직후 김매기와 중경(포기 사이 흙을 긁어주는 일)을 해준다.

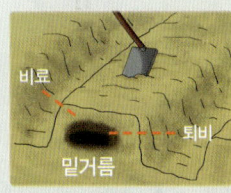

비료
파종 20~30일 전 유기질 비료와 퇴비를 주고 밭두둑을 만든다. 웃거름은 수확 직후마다 준다. 2년차부터는 4월에도 준다.

수확
6~8월과 10월에 지상부를 수확한다. 필요한 경우 뿌리도 수확하는데, 지상부만으로도 판매가 가능하므로 뿌리를 수확할 필요는 없다.

병충해 & 그 외 파종 정보
특성상 잡초가 발생하면 잎의 수확량이 줄어듦으로 봄부터 가을까지 2~3개월 간격으로 김매기를 해준다.

뿌리를 약용하는 텃밭 식물

03

산해박 꽃

관절염, 각종 통증에 사용하는 약초
산해박

박주가리과 여러해살이풀   Cynanchum paniculatum   꽃 : 6월   높이 : 60cm

월별 재배 일지	1	2	3	4	5	6	7	8	9	10	11	12
씨뿌리기				■								
아주심기					■							
김매기					■	■						
밑거름 & 웃거름			■		■							
수확하기									■	■	■	

　　'산새박' 이라고도 불리는 산해박은 우리나라와 중국, 일본 등지에서 자생하는 박주가리과 식물이다. 우리나라에서는 묘지 주변의 풀밭에서 볼 수 있다. 이름은 정확하지 않지만 산에서 나는 '해박' 또는 '해박조가리' 에서 유래된 것으로 보인다. 박주가리는 지방 방언

산해박 잎

으로 '해박조가리' 또는 '새박' 이라고 불리는데 이 때문에 산해박을 '산새박' 이라고 부르기도 한다.

산해박은 땅속 깊은 뿌리에서 줄기가 올라온 뒤 높이 60cm로 자란다. 줄기는 철사처럼 질기기 때문에 곳곳하게 서서 자라는 경우가 많지만 비바람이 불면 줄기가 꺾이는 경향이 많다.

마주난 잎은 작은 대나무 잎을 닮았고 잎의 가장자리에는 약간의 잔털이 있다.

꽃은 6~7월에 잎겨드랑이에서 여러 개씩 모여달리고 꽃의 색상은 황색~연록색이다. 꽃받침과 화관은 5개로 갈라진다.

열매는 날카로운 뿔처럼 생겼고 9~11월에 결실을 맺는다. 종자는 긴 달걀형이고 날개가 있다.

산해박의 유사종으로는 박주가리, 선백미꽃, 큰조롱, 솜아마존 등이 있다. 자생지를 확인하면 대개 산소 부근의 양지바른 곳에서 홀로 자라는 경우가 많다. 산해박은 우리나라에서 약용을 많이 하지 않는 편이지만 중국에서는 예로부터 인기 있는 약초이다.

산해박 전초

산해박 열매

산해박 뿌리

산해박 어린싹

이용 방법
산해박의 어린 잎은 삶아서 먹기도 한다. 뿌리를 포함한 전초를 여름에 수확한 뒤 깨끗이 세척하고 15cm 길이로 잘라 햇볕에 말려서 약용한다. 한방에서는 '서장경'이라는 생약명으로 부른다.

약용 및 효능
진통, 구풍, 혈액순환, 류마티스성 관절염, 요통, 복통, 위통, 치통, 동통, 생리통, 수술 후 진통, 구토, 급성위장염, 간염, 만성기관지염, 이질, 장염, 간경변증, 복수, 영양실조 치료에 3~9g을 달여서 복용한다. 독사에 물린 상처, 습진, 주마진, 타박상에는 졸인 액을 연고처럼 바른다. 신체 허약자 및 아동은 복용을 피하고, 복용량이 허용치 이상이면 문제가 발생할 수 있다.

안동 묘지 풀밭의 산해박

재배 환경
용기 재배
수경(양액) 재배
베란다 텃밭
노지(옥상) 텃밭

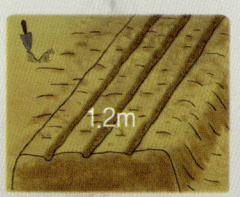
토양
비옥한 사질 양토에서 잘 자란다. 이랑은 너비 1.2m로 만든다. 비닐 피복 재배를 권장한다.

파종
4월 중순 묘판에 2cm 깊이로 파종하고 물을 촉촉이 관수하면 보통 2주 뒤 싹이 올라온다. 늦가을 또는 봄에 튼실한 뿌리를 5cm 길이로 잘라 심는다.

모종
높이 5~10cm로 자랐을 때 노지에 이식한다. 재식 간격 15cm.

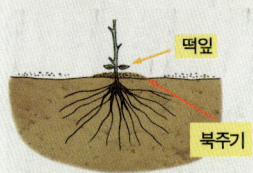

관리
노지에 이식한 몇 주 뒤 김매기를 하고, 높이 20cm로 자랐을 때 북주기를 한다.

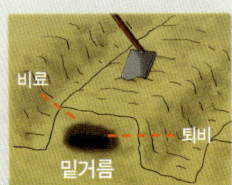

비료
밭두둑은 유기질 비료와 퇴비를 주고 만든다. 6월 장마가 시작되기 전에 웃거름을 준다.

수확
1~2년생 산호박은 뿌리를 포함한 전초를 가을에 수확한다. 분근으로 번식한 산해박은 2~3년 재배한 뿌리를 수확한다.

병충해 & 그 외 파종 정보
산해박은 가뭄에 약하므로 봄 가뭄이 발생하면 적기에 관수한다. 여름 장마철에는 침수가 되지 않도록 고랑을 깊게 판다. 만일 침수가 되면 장마철 이후 뿌리썩음병이 발생한다. 종자는 2년 이상 자란 것에서 채종하는데, 이 경우 발아율은 85%이다.

시호 꽃

간염, 진통, 항염에 효능이 있는
시호

산형과 여러해살이풀 *Bupleurum falcatum*   꽃 : 8~9월   높이 : 0.5~1m

월별 재배 일지	1	2	3	4	5	6	7	8	9	10	11	12
씨뿌리기			■	■								
아주심기					■							
김매기					■	■	■					
밑거름 & 웃거름				■		■		■				
수확하기										■	■	

　시호는 우리나라와 일본 등지에서 자생한다. 우리나라의 경우 깊은 산 계곡가에서 더러 볼 수 있지만 자생지가 많이 줄어든 것으로 보인다. 유사종으로는 줄기잎이 줄기를 감싸는 '개시호'와 뿌리 잎이 주걱처럼 큰 '섬시호', 중부 지방 고산 지대에서 자생하는 '등대

시호 잎

시호 뿌리

시호'가 있다. 한의학에서는 시호, 개시호, 섬시호의 뿌리를 같은 약재로 취급하지만 가급적 시호를 재배하는 것이 좋다.

시호는 땅속 뿌리에서 원줄기가 높이 50~100cm로 올라온다. 원줄기는 털이 없고 대나무 잎자루처럼 가늘고 상단부에서 잔가지가 조금 갈라진다.

잎은 어긋나게 달리는데 잎자루가 없이 바로 원줄기에 붙는다. 잎의 하단부가 원줄기를 감싸면 '개시호' 또는 '섬시호'이다.

꽃은 황색이고 8~9월에 겹우산 모양 꽃차례로 개화하는데 소산경은 2~7개이고, 작은 화서에는 5~15개의 자잘한 꽃이 달린다. 꽃잎은 5개인데 안으로 굽기 때문에 잘 보이지 않는다. 수술은 5개이고 씨방은 하위이다.

땅속 뿌리는 짧지만 조금 굵은 편이고 약용 부위도 뿌리 부분이다.

시호 텃밭

이용 방법
늦가을~초봄에 뿌리를 수확한 뒤 잘게 썬 후 햇볕에 건조시킨다. 식초에 버무린 후 냄비에 볶는 방식으로 건조시킬 수도 있다. 어린 뿌리와 어린 싹은 식용할 수 있다.

약용 및 효능
해열, 진통, 고혈압, 말라리아, 소염, 현기증, 간염, 자궁탈출 등에 효능이 있다. 2~4g을 달여서 복용한다. 간염에는 병풀(Centella asiatica)과 함께 졸인 약을 복용한다.

시호 싹

개시호 잎

섬시호 뿌리잎

재배 환경
용기 재배
수경(양액) 재배
베란다 텃밭
노지(옥상) 텃밭

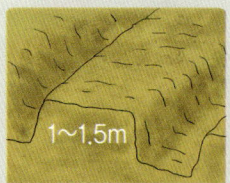
토양
비옥토에서 잘 자란다. 이랑은 너비 1~1.5m로 만든다.

파종
3월 중하순에 묘판에 줄뿌리기 또는 흩어뿌림으로 파종하고 1cm 높이로 흙을 덮고 볏짚을 덮어두면 통상 1달 뒤 싹이 올라온다.

모종
5월 초순 전후에 본밭에 아주 심는다.
재식 간격 10~15cm.

관리
때때로 세력이 약한 모종을 솎아준다. 8~9월에는 꽃대를 순지르기하여 뿌리로 영양분이 가도록 한다.

태백산의 시호

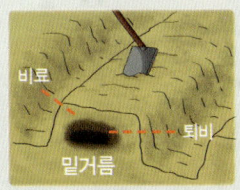

비료
밭두둑은 파종 1개월 전 유기질 비료와 퇴비를 주고 만든다.
웃거름은 6월 중순과 8월 하순에 준다.

수확
뿌리는 2년생 뿌리를 수확하는 것이 좋다. 늦가을에 수확한다.

병충해 & 그 외 파종 정보
시호의 종자는 9~11월에 채종한다. 재배할 때 병충해는 없는 편이다. 묘판에 종자를 파종하면 15도 온도에서 2~8주 뒤 발아하므로 온도를 다소 높게 관리한다.

전호 꽃

기를 보충하는
전호(아삼)

산형과 여러해살이풀   Anthriscus sylvestris   꽃 : 5~6월   높이 : 1m

월별 재배 일지	1	2	3	4	5	6	7	8	9	10	11	12
씨뿌리기												
아주심기												
김매기												
밑거름 & 웃거름												
수확하기												

　전호는 우리나라와 중국, 시베리아, 동유럽, 일본에서 자생한다. 유사종으로는 '털전호'와 '유럽전호'가 있고 비슷한 생김새의 식물로는 '사상자', '개사상자', '긴사상자' 등이 있어 구별하기 어려운 식물이다. 전호는 주로 남부 지방의 도서 지역과 산, 들판, 울릉도에

전호 잎　　　　　　　　　　　전호 열매

　서 볼 수 있다. 5~6월에 흰꽃이 만발하기 때문에 남부 들녘의 봄날을 아름답게 물들인다. 털전호는 지리산을 포함해 강원도의 깊은 산에서 볼 수 있다.
　전호의 줄기는 높이 1m로 자라며 줄기의 색깔은 녹색이고 털이 없다. 줄기가 녹색이고 전체적으로 실 같은 털이 듬성듬성 있으면 털전호이다. 잎은 2~3회3출엽이다.
　흰색의 꽃은 5~6월에 겹우산꽃차례로 개화하는데 소산화서에는 총포가 없고, 소총포에는 총포가 있고 총포 가장자리에 털이 있으면 전호이다. 잎 뒷면 맥에 털이 있으면 전호, 잎자루와 잎 가장자리에 털이 있으면 유럽전호이다.
　전호의 열매는 6~7월에 결실을 맺는다. 열매가 피침형이고 열매 표면이 미끈하거나 약간 돌기가 있으면 전호이다. 열매가 피침형인데 표면에 누런 빛의 돌기가 있으면 털전호, 열매가 달걀 모양이고 굽은 털이 있으면 유럽전호이다.
　사상자 종류들은 줄기와 꽃자루에 짧은 털이 있는 경우가 많고 소총포 가장자리에는 털이 없는 경우가 많다. 또한 긴사상자를 제외한 사상자 종류의 열매 모양은 대부분 달걀형이다.

대학산의 털전호

이용 방법
이른 봄에 전호의 어린 잎을 수확해 나물로 무쳐먹는다. 맛이 꽤 좋은 나물이다. 잎을 녹색 천연 염색에 사용할 수 있지만 금방 바래진다.

약용 및 효능
전호의 뿌리를 한방에서 아삼이라는 생약명으로 부른다. 한방에서는 바디나물을 전호라고 부른다.
3~4월 또는 9~10월에 전호의 뿌리를 채취한 뒤 껍질을 긁어서 벗기고 살짝 데친 뒤 햇볕에 말린다. 사지무력, 야뇨증, 위장병, 식욕부진, 기가 허한 증세, 자연허약증, 숨이 가프고 힘든 증세에 약용한다. 5~15g을 달여 복용한다.

압해도의 전호

재배 환경
용기 재배
수경(양액) 재배
베란다 텃밭
노지(옥상) 텃밭

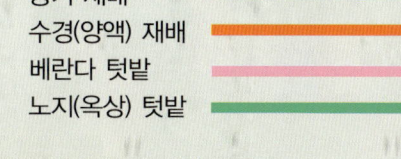

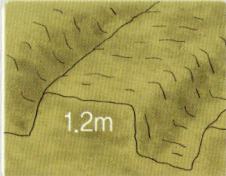
토양
부식질의 비옥한 양토에서 잘 자란다. 이랑 너비 120cm. 나물 수확용이라면 하우스 재배 권장. 고랭지 재배 권장.

파종
6~9월에 잎이 80% 갈색으로 변할 때 채종한 종자를 9~10월에 줄뿌림으로 직파. 또는 이듬해 3~5월에 파종한다.

모종
종자 번식보다는 포기를 여러 포기로 나누어 심는 것이 더 좋다. 재식 간격 25~30cm. 이식은 봄과 가을에 한다.

관리
전호는 한랭하고 다습한 환경을 좋아하므로 고랭지 작물로 알맞다. 김매기를 자주 한다.

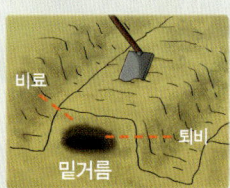

비료
밭두둑은 유기질 비료와 퇴비를 주어 만든다. 웃거름은 생육 상태를 봐서 6~7월에 준다. 뿌리 수확이 목적이라면 10~11월에도 거름을 준다.

수확
나물 수확은 이른 봄에 20~30cm로 자랐을 때 뿌리 꼭지 상단 3~5cm를 남기고 수확한다. 4월까지 한두 번 더 수확한다. 뿌리는 2~3년차 봄 또는 가을에 수확한다.

병충해 & 그 외 파종 정보
종자를 파종할 때 흐르는 물에 3일간 침전시켰다가 조금 말랐을 때 모래와 섞어 파종하고 흙을 살짝 긁어서 덮어준다. 묘판에 파종해 육묘하는 경우 거름을 소량만 준다.

노추산의 사상자 꽃

정력에 좋은
사상자(뱀도랏)

산형과 두해살이풀 Torilis japonica 꽃 : 6~8월 높이 : 1m

월별 재배 일지	1	2	3	4	5	6	7	8	9	10	11	12
씨뿌리기				■					■			
아주심기					■	■				■		
김매기						■	■			■	■	
밑거름 & 웃거름			■					■				
수확하기								■	■			

사상자는 전호와 거의 흡사한 식물이지만 꽃의 생김새가 아예 다르다. 꽃의 생김새가 다른데도 전호와 구별을 못하는 이유는 아마 꽃이 작기 때문에 육안으로 식별이 불가능하기 때문일 것이다. 이 때문에 사상자류와 전호류를 구별할 때는 소총포자루를 보고 동정

147

한다. 사상자류는 대개 소총포자루에 가시 같은 털이 있으므로 대개 소총포자루가 미끈한 전호류와 구별이 가능하다.

사상자는 뿌리가 아닌 열매를 약용한다. 사상자는 산과 들에서 자생하는데 요즘은 인적이 드문 깊은 산의 초입에서 볼 수 있다.

사상자의 줄기는 높이 30~80cm로 자라고 홈줄이 있으며 전체적으로 짧은 복모가 있다. 잎은 전호와 거의 비슷하지만 전호 잎은

사상자 열매

사상자 소총포자루 복모

2~3회3출엽이고 사상자 잎은 2회3출엽이므로 전호 잎에 비해 갈라진 작은 잎의 수가 조금 적다.

꽃은 6~8월에 겹우산 모양꽃차례로 개화하는데 꽃의 모양은 전호류와 다르고 소총포 가장자리에는 털이 없으므로 이 점으로 구별할 수 있다. 또한 꽃자루에 가시처럼 보이는 짧은 복모가 있으므로 이 점으로도 전호와 구별할 수 있다. 전호류에서 털이 있는 털전호는 털 모양이 실같이 생겼기 때문에 사상자류와 구별할 수 있다.

진도의 개사상자

사장자의 열매는 달걀 모양이고 표면에 가시 같은 짧은 털이 밀생해 있어 옷에 잘 달라붙는다. 사상자의 유사종은 '개사상자', '긴사상자', '짧은사상자', '벌사상자' 등이 있다.

개사상자 꽃

이용 방법
사상자의 어린 싹은 나물로 식용하고 8~9월에 노랗게 익은 열매는 수확하여 햇볕에 건조시킨 후 약용한다. 열매로 술로 담가먹는다.

약용 및 효능
사상자는 신장과 장, 정력에 좋다. 설사, 이질, 오한, 음낭습진, 남녀 성기능 감퇴, 자궁의 한랭으로 인한 불임, 질염, 기생충, 항진균에 효능이 있다. 3~9g을 달여서 복용하고 피부 가려움증, 옴에는 외용한다. 소화불량에는 뿌리 즙을 복용한다.

재배 환경

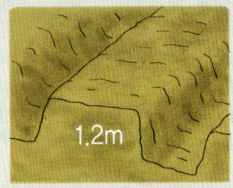
토양
부식질의 비옥토에서 잘 자란다. 이랑 너비 1.2m.

파종
8~9월에 채종한 종자를 냉동 보관했다가 9월 중순에 발아 촉진제를 바르고 직파한다.

모종
9월에 파종하면 보통 10여 일 뒤 싹이 올라온다. 이듬해 봄에 파종해도 된다. 재식 간격 40cm.

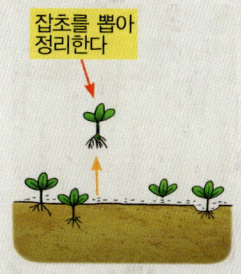

관리
잡초가 발생하면 제때 김매기한다.

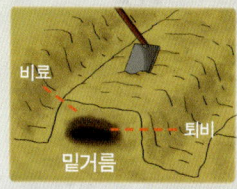

비료
밭두둑은 유기질 비료와 퇴비를 주고 만든다.

수확
8~9월에 열매를 수확해 술을 담그거나 햇볕에 건조시킨 뒤 약용한다.

병충해 & 그 외 파종 정보
냉동실에 보관한 종자를 파종할 때 며칠간 냉장실 등에 넣어 해동한 뒤 음지에서 하루 정도 물기를 대충 말린 뒤 파종한다. 사상자는 질소 비료를 많이 주면 웃자라면서 줄기가 쓰러지므로 열매 수확이 어렵다.

구릿대

감기, 두통에 좋은
구릿대(백지)

산형과 2·3년초   Angelica dahurica   꽃 : 6~8월   높이 : 2m

월별 재배 일지	1	2	3	4	5	6	7	8	9	10	11	12
씨뿌리기			■	■				■	■	■		
김매기					■	■						
솎아내기					■	■						
밑거름 & 웃거름		■				■			■			
수확하기							■	■		■	■	

구릿대는 우리나라와 중국, 시베리아, 일본에서 자생한다. 주로 깊은 산의 시냇가와 축축한 지역에서 다른 약초에 비해 흔하게 자생한다. 줄기 색이 구리색이라고 해서 구릿대란 이름이 붙었다. 줄기 색은 전체적으로 강활 줄기와 비슷하지만 구릿대의 줄기에는 적자색

구릿대 어린 잎

구릿대 줄기와 잎자루

구릿대 잎

의 가루 같은 것이 있고 잎 모양이 다르므로 구별할 수 있다.
   구릿대의 땅속 뿌리는 잔수염이 많은데 이를 '백지(白芷)'라는 약으로 사용한다.
   구릿대의 줄기는 굵고 높이 1~2m로 성장하기 때문에 꽤 강건해 보인다. 줄기는 상단에서 잔가지가 많이 갈라진다.
   잎은 작은 잎이 3장씩 달리는 2~3회3출겹잎이다. 잎의 모양새는

구릿대 전초

흰빛이 도는 잎 뒷면

어수리 잎과 강활 잎 중간에 해당하는 생김새를 가졌다. 비슷한 모양의 잎을 가진 약초가 많으므로 잎을 뒤집어 봐야 하는데 잎 뒷면이 흰빛이 돌면 구릿대이다.

꽃은 6~8월에 겹산형꽃차례로 달리는데 보통 20~40송이씩, 한 포기에서 총 수백 개의 자잘한 꽃이 달린다. 꽃은 매우 작고 꽃잎은 5장, 수술은 5개이다.

8~9월에 결실을 맺는 열매는 납작한 타원형이며 좌우에는 날개 같은 것이 있고 뒷면에 맥이 능선 모양으로 되어 있다.

이용 방법
구릿대의 어린 순은 나물로 무쳐 먹는다. 뿌리와 성숙한 잎은 7~9월에 수확하여 햇볕에 말린 뒤 약용한다.

약용 및 효능
구릿대의 뿌리를 백지(白芷)라는 생약명으로 부른다. 항균, 발한, 진정, 대하, 구풍, 진통, 감기, 두통, 코막힘, 인후통, 치통, 알레르기, 등창, 피부염, 비염, 각종 냉증, 관절염에 효능이 있다. 주로 감기와 피부염에 사용하는 약제이다. 중국에서는 땀내는 약으로 사용한 기록이 있다.

재배 환경

용기 재배
수경(양액) 재배
베란다 텃밭
노지(옥상) 텃밭

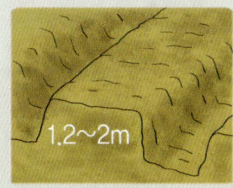
토양
부식질의 비옥한 토양에서 잘 자란다. 이랑 너비 1.2~2m. 비닐 피복 재배 권장.

파종
3월 중하순이나 8월 중하순에 묘판에 파종하고 육묘한다. 노지 가을 파종은 9~10월, 봄 파종은 3월 하순에 점뿌리기로 하는데, 가을 파종이 이듬해에 발아가 잘 된다.

모종
어린 잎 수확이라면 재식 간격 20cm. 국내에서는 뿌리 수확이 목적인 경우가 많으므로 재식 간격 50~60cm.

관리
본잎이 2~3매일 때 솎아내기를 하고 잡초가 보이면 김매기를 하면서 북주기를 한다.

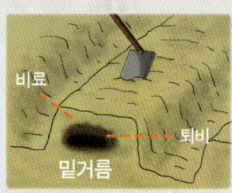

비료
노지 파종 20~30일 전에 유기질 비료와 퇴비를 주고 밭두둑을 만든다.
웃거름은 6월 하순과 9월 중순에 준다.

수확
당년에 파종한 1년생은 10월 중순~11월에 뿌리를 수확하고, 가을에 파종한 경우에는 이듬해 7~8월에 뿌리를 수확해야 품질이 좋다.

병충해 & 그 외 파종 정보
구릿대는 종자를 파종하면 보통 2~3주 뒤에 발아한다.

바디나물 꽃

강장, 가래 질환, 당뇨에 좋은
바디나물(전호)

산형과 여러해살이풀 Angelica decursiva   꽃 : 8~9월   높이 : 1.5m

월별 재배 일지	1	2	3	4	5	6	7	8	9	10	11	12
씨뿌리기												
김매기												
솎아내기												
밑거름 & 웃거름												
수확하기 박주												

　우리나라와 중국, 일본에서 자생하는 바디나물은 우리나라의 경우 산과 들판의 축축한 곳이나 개울가에서 흔히 자생한다. 바디나물의 잎은 어수리 잎을 닮았고 꽃은 참당귀 꽃을 닮았지만 잎 모양이 독특하기 때문에 야생에서도 식별이 용이한 식물이다. 국내에서의 생

바디나물 전초

바디나물 잎

바디나물 열매

 약명은 전호, 중국에서는 자화전호라고 부른다. 약용 및 효능은 기침, 가래 등의 호흡기 질환에 좋다.
 바디나물은 땅속 뿌리에서 잎이 올라온 뒤 원줄기가 높이 1.5m로 자란다. 원줄기에는 세로줄이 능선처럼 나 있다.
 어긋난 잎은 3~5 갈래로 깃꼴로 갈라지고 작은 잎은 다시 3~5개로 깊게 갈라지는데 밑부분이 날개 모양으로 붙기 때문에 산에서도 잎 모양을 보고 쉽게 찾아낼 수 있는 식물이다.

바디나물 싹

바디나물 어린 잎

꽃은 8~9월에 겹우산 모양 꽃차례로 달리고 소산경은 10~20개, 각 소산경에는 30~40개의 자잘한 꽃이 달린다. 꽃의 색상은 자주색이다. 외형은 비슷하지만 흰색 꽃이 피는 것은 흰꽃바디나물(for. albiflora Max.)이라고 부른다.

열매는 9~10월에 결실을 맺는데 타원형의 약간 납작한 모양이고 좌우가 날개처럼 변한다.

바디나물은 어수리처럼 흔하지는 않지만 깊은 산에서 더러 볼 수 있는 식물이다.

이용 방법
이른 봄에 올라온 바디나물의 어린 잎은 나물로 먹을 수 있다. 뿌리는 11월에 지상부가 거의 말라갈 때 수확한다. 수확한 뿌리는 물에 세척하지 않고 이물질을 털어낸 뒤 빨랫줄 같은 곳에 매달아 햇볕에 2~3일 건조시킨다.

약용 및 효능
바디나물 뿌리의 생약명은 전호(前胡)이다. 강장, 구풍, 해열, 거담, 감기, 천식, 해독, 두통, 진통, 항진균에 효능이 있는데 특히 가래 질환에 효능이 높다. 4~9g을 달여서 복용한다. 민간에서는 바디나물 뿌리를 '연삼'이라고 부르며 당뇨병에 약용하는데 최근 학계 연구에 의하면 당뇨, 알츠하이머 병에 좋은 유효 성분이 바디나물에 있는 것으로 밝혀졌다.

재배 환경
- 용기 재배
- 수경(양액) 재배
- 베란다 텃밭
- 노지(옥상) 텃밭

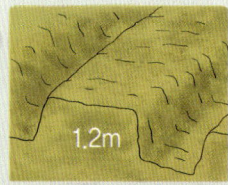
토양
부식질의 조금 촉촉한 양지바른 사질 양토에서 잘 자란다. 이랑 너비 1.2m.

파종
가을에 채종한 종자를 이듬해 3월 상순에 노지에 점뿌리기로 파종한다. 통상 15일 뒤 발아한다.

모종
필요한 경우 모종을 이식한다.

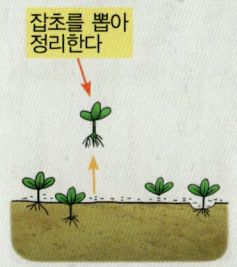

관리
잎이 3~5매일 때 솎아내기를 하고 잡초가 보이면 김매기를 한다. 물은 조금 충분히 관수한다.

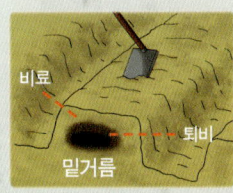

비료
파종 1개월 전에 유기질 비료와 퇴비 등을 주고 밭두둑을 만든다. 웃거름은 상태를 보아가며 준다. 만일 모종을 이식했다면 이식 후 바로 웃거름을 준다.

수확
어린 잎을 나물로 상시 거래하지 않으므로 뿌리 수확을 목적으로 재배한다. 11월에 지상부가 거의 말라갈 때 뿌리를 수확한다.

병충해 & 그 외 파종 정보
바디나물 종자는 9~10월에 열매가 노란색~백색으로 성숙해갈 때 채종하여 실내에서 건조 숙성시킨 후 열매를 문질러 채종한 뒤 건조 저장하고 이듬해 봄에 파종한다. 병충해로는 흰가루병이 자주 발생한다.

승마 꽃

항염, 해열, 인후염에 좋은 약재
승마

미나리아재비과 여러해살이풀   Cimicifuga heracleifolia   꽃 : 8~9월   높이 : 1m

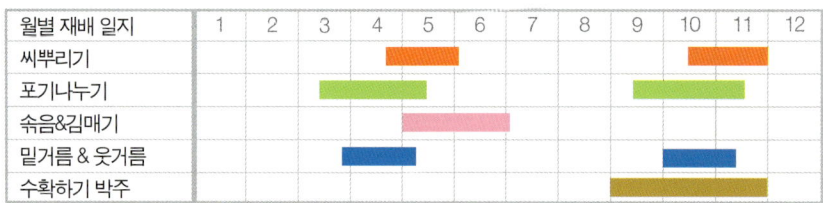

월별 재배 일지	1	2	3	4	5	6	7	8	9	10	11	12
씨뿌리기												
포기나누기												
솎음&김매기												
밑거름 & 웃거름												
수확하기 박주												

 승마는 우리나라와 중국 길림성, 흑룡강, 러시아 연해주 등에서 자생한다. 우리나라의 경우 깊은 산 숲속이나 높은 산 능선에서 군락을 이루지 않고 독자생존하는 것을 많이 볼 수 있다. 일반적으로 깊은 산 숲에 올라가다 보면 조금 양지바르고 촉촉한 곳에 좋은 식생

의 풀밭이 더러 있는데 그런 곳에 승마가 자생한다. 유사종으로는 '눈빛승마', '왜승마', '개승마' 가 있고 '눈개승마' 는 장미과 식물이지만 꽃차례가 승마와 비슷하다.

승마   승마 잎

승마 열매

승마는 땅속에 굵은 뿌리가 있고 줄기는 높이 1m로 자란다.

어긋난 잎은 긴 잎자루가 있으며 1~2회3출엽으로 작은 잎이 달린다. 각각의 작은 잎은 다시 2~3개로 갈라지고 가장자리에 톱니가 있는데 언뜻 보면 어수리 잎과 비슷하다.

꽃은 8~9월에 줄기 끝에서 복총상꽃차례로 달린다. 꽃받침조각은 4~5개, 꽃잎은 3~4개이다. 꽃잎 끝은 양쪽으로 갈라지고 수술은 여러 개이다.

10월에 결실을 맺는 열매는 골돌과이고 크기는 1cm 내외이다.

한방에서는 승마, 눈빛승마, 황새승마의 뿌리를 동일 약재로 취급하고 약용한다.

이용 방법
봄, 가을에 뿌리를 수확한 뒤 이물질을 털어내고 수염뿌리가 마를 때까지 건조시킨 뒤 불에 그을린다.

약용 및 효능
뿌리를 승마(升麻)라는 생약명으로 부른다. 두통, 해열, 해독, 진통, 항균, 인후염, 홍역, 치은염, 급성전염병, 종기, 구창, 인후염, 직장이나 자궁탈출에 효능이 있다. 1.5~9g을 달여 복용한다.

사명산의 승마

승마 모종

승마 싹

재배 환경
용기 재배
수경(양액) 재배
베란다 텃밭
노지(옥상) 텃밭

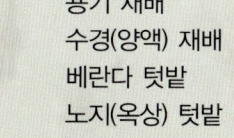

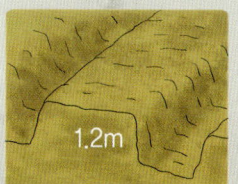
1.2m

토양
부식질의 비옥한 토양에서 잘 자란다. 이랑 너비 1.2m.

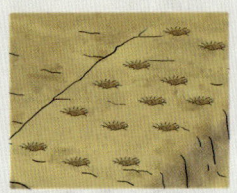

파종
봄 파종은 4월 중순~5월에 하고, 가을 파종은 10월 중순~11월 초에 한다.

모종
포기나누기는 봄 또는 가을에 한다.
줄 간격 40~50cm, 포기 간격 20~30cm.

관리
잡초가 보이면 김매기를 한다. 2, 3년차 가을에 뿌리를 수확한다.

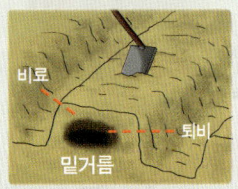

비료
밭두둑은 유기질 비료와 퇴비를 주고 만든다.
웃거름은 상태를 보아가며 준다.

수확
3년차 가을에 뿌리를 수확한다.

병충해 & 그 외 파종 정보
승마는 종자를 건조 저장하면 발아율이 10% 이하로 떨어지고, 1년 이상 저장한 종자는 아예 발아하지 않는다. 젖은 모래와 섞어 2개월간 영하 5도에서 저온 저장을 한 뒤 파종하면 발아율이 높아진다.

한석산의 승마

지치 꽃

혈액 순환, 항암에 좋은
지치(지초, 자초)

지치과 여러해살이풀 Lithospermum erythrorhizon 꽃 : 5~6월 높이 : 70cm

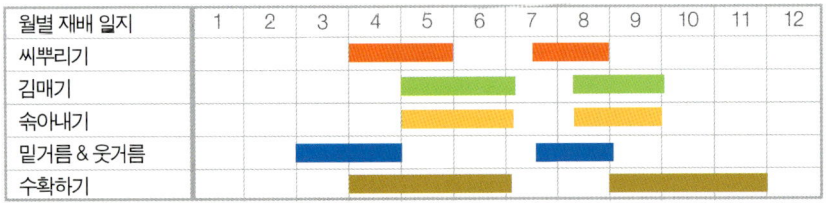

월별 재배 일지	1	2	3	4	5	6	7	8	9	10	11	12
씨뿌리기				█	█		█	█				
김매기					█	█		█	█			
솎아내기					█	█		█	█			
밑거름 & 웃거름			█	█			█	█				
수확하기						█	█	█	█	█		

　　지치는 극동 3국과 러시아에서 자생하는 키가 작은 약초이다. 지치의 생약명은 '자초'인데 자초(紫草)는 뿌리색이 자주색이기 때문에 붙은 이름이다. 자초라는 단어가 정명인 지치와 혼합되어 약재상가에서는 '지초' 또는 '지후'라고도 불린다. 지치는 산과 들에서

지치 잎

더러 자라지만 국내에서는 진도 등에서 대규모로 재배한다.

지치는 땅속 뿌리에서 원줄기가 올라온 뒤 높이 30~70cm 내외로 자란다. 원줄기는 다소 잔가지가 갈라지고 털이 있다.

어긋난 잎은 잎자루가 없고 가장자리에 톱니가 없으며 잔털이 밀생해 있다.

5~6월에 개화하는 꽃은 총상꽃차례로 달리고 꽃의 색상은 크림색이다. 화관의 가장자리가 5개로 갈라져 꽃잎이 5장 붙어 있는 것처럼 보인다.

열매는 6~7월에 성숙하고 분과이며 윤채가 있다.

지치의 뿌리는 자주색 염색을 할 때 사용하거나 약재로 사용할 수 있다. 뿌리로 담근 지치 술은 진도 지방의 특산주이다.

야생 지치는 숲가의 얼룩 그늘이나 양지에서 자생하는데 자생지가 많이 줄어들어 산삼처럼 귀한 약초가 되었다. 비슷한 식물로는 바닷가에서 자생하는 '반디지치'와 '모래지치', 북한 지역에서 자생하는 '뚝지치', 농촌의 들판에서 자생하는 '개지치'가 있다.

지치 전초

지치 열매

이용 방법
4~5월 또는 9~10월에 뿌리를 수확한 뒤 흙만 털어내고 불에 굽거나 햇볕에 건조시킨 뒤 약용한다. 지치 뿌리는 물에 세척하면 약효가 떨어지므로 일반적으로 세척하지 않는다. 뿌리로 술을 담그기도 한다.

개지치

약용 및 효능
혈액순환, 해독, 항암, 해열, 혈뇨, 비출혈, 피임에 약용하는데 주로 피를 보하는 효능이 높다. 3~10g을 달여 먹는다.
부스럼, 간염, 피부암, 종기, 습진, 치질, 화상에는 바짝 졸인 물을 연고처럼 바른다. 지치 추출물은 스킨케어 화장품에 사용한다.

뚝지치

모래지치

재배 환경
용기 재배
수경(양액) 재배
베란다 텃밭
노지(옥상) 텃밭

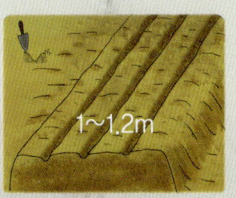

1~1.2m

토양
공기 오염이 적은 곳에 밭을 만든다. 가급적 30% 차광 또는 반그늘에서 재배한다. 이랑 너비는 1~1.2m로 만든다. 비닐 피복 재배 권장.

파종
4~5월 상순에 파종하되 비닐 하우스 같은 비가림 시설에서 파종한다. 여름 파종은 7월 중순~8월 중순에 역시 비가림 시설에서 파종한다.

모종
비가림 시설에서 파종한 경우 30% 정도 차광하는 것이 생산량에 도움이 된다. 본잎이 3~5매일 때 솎아낸다.

관리
장마철 이후 뿌리가 썩으므로 노지 파종의 경우 장마철에 과습하지 않도록 신경쓰고 하우스 재배의 경우 고온다습하지 않도록 통풍에 신경쓴다.

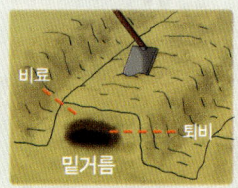

비료
밭두둑은 유기질 비료와 퇴비를 주고 만든다. 질소 비료를 너무 과다하게 주지 않는다.

수확
춘파는 9~11월이나 이듬해 4~5월에 뿌리를 수확하고 여름 파종은 이듬해 6월 말에 수확한다. 실한 뿌리를 수확하기 위해 3~4년 키운 경우에는 장마철 침수에 특히 신경쓴다.

병충해 & 그 외 파종 정보

지치는 비가림 시설에서 파종해야 경제성이 생긴다. 노지 파종은 장마철 후 뿌리썩음병이 90% 이상 발생하므로 뿌리 수확이 거의 불가능하다. 종자 채종은 10월이 적기. 지치 농사를 처음 한다면 봄에 모종으로 심고 가을에 수확할 것을 권장한다.

인삼 열매

허약 체질과 건망증을 개선하는
인삼(산삼)

두릅나무과 여러해살이풀 *Panax ginseng* 꽃 : 4월 높이 : 60cm

월별 재배 일지	1	2	3	4	5	6	7	8	9	10	11	12
씨뿌리기										■		
아주심기			■						■			
순자르기				■								
밑거름 & 웃거름		■										
수확하기 박주								■	■	■		

    산에서 야생하는 것은 산삼(山蔘), 밭에서 재배하는 것은 인삼(人蔘), 인삼 또는 산삼의 종자로 산에서 재배한 것은 장뇌삼(長腦蔘), 일본에서 야생하는 것은 토삼이라고 부른다. 이중 갓 수확한 인삼은 수삼(水蔘), 6년생 뿌리를 껍질째 수증기로 쪄서 말린 것은 홍삼(紅

인삼 잎

蔘)이라고 부른다. 일반적으로 산삼, 장뇌삼, 홍삼 순으로 효능이 좋다.

인삼은 땅속 뿌리에서 1개의 줄기가 60cm 높이로 올라오고 겨울이면 지상부가 동사한 뒤 해마다 새 줄기가 올라온다.

잎은 3~4개가 돌려나며 긴 잎자루가 있고 잎자루 끝에 5개의 작은 잎이 손가락 모양으로 붙어 있다. 작은 잎은 표면 맥에 잔털이 있고 잎의 가장자리에 톱니가 있다. 산에서 나는 산삼도 인삼과 같은 모습이므로 야생 산삼을 찾을 때는 인삼의 모양을 참고하면 된다.

꽃은 4월에 우산 모양 꽃차례로 피고 꽃잎의 색상은 연한 녹색이다. 꽃받침, 꽃잎, 수술은 5개이고, 암술대는 2개, 씨방은 하위이다.

열매는 4~5월에 결실을 맺고 붉은색으로 성숙한다.

인삼과 같은 품종은 우리나라뿐 아니라 중국, 러시아, 일본에서도 자생하지만 우리나라에서 재배한 것을 특별히 고려 인삼이라고 부르며 높이 쳐준다. 요즘은 미국에서도 미국인삼이 나올 정도로 세계적으로 알려져 있다.

인삼의 잎과 열매

이용 방법
4~6년생 뿌리를 수확하여 수삼 혹은 홍삼을 만든 뒤 약용하거나 술을 담가먹고 삼계탕 같은 각종 요리에 넣어 먹는다. 인삼 싹은 비빔밥에 넣어 먹는다.

약용 및 효능
인삼은 강장, 강심, 건위, 진정, 위장, 소화불량, 구토, 흉통, 식욕부진, 당뇨, 건망증, 기억력 등에 효능이 있다. 쉽게 말해 쇠약체질을 개선하고 몸을 튼튼히 한다. 고혈압 환자나 몸에 열이 많은 사람은 금기이다.

재배 환경
- 용기 재배
- 수경(양액) 재배
- 베란다 텃밭
- 노지(옥상) 텃밭

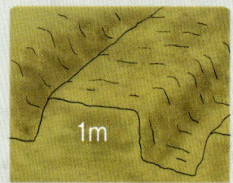
토양
부식질의 사질 양토에서 잘 자란다. 파종 1개월 전 밭두둑을 만들되 이랑 및 고랑 너비 각 1m 권장. 볏짚 피복 재배 권장.

파종
10월 하순~11월 중순에 묘판에 3cm 간격으로 씨를 뿌리고 1cm 높이로 흙을 덮어서, 볏짚이나 왕겨로 2겹 피복한다.

모종
이듬해 3월 중순~3월 하순, 10월 중순~11월 상순에 본밭에 아주심은 뒤 해가림 시설을 설치한다. 봄에는 2겹, 여름에는 4겹, 가을에는 2겹으로 한다.

관리
물은 조금씩 자주 관수한다. 파종 3~4년째부터 매년 솎아내어 튼실한 것만 남긴다. 꽃은 3년생부터 개화하므로 뿌리를 수확하는 것이 목적이라면 꽃대를 순지른다.

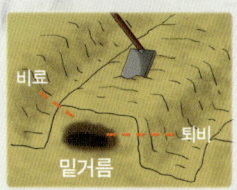

비료
유기질 비료와 퇴비를 주고 밭두둑을 만든다. 연 1회 웃거름을 주기도 하지만 일반 작물보다 시비의 양을 적게 한다. 화학 비료는 원천금지하고 유기질 비료를 사용한다.

수확
인삼은 4~6년생 뿌리를 수확하되 8~10월에 뿌리가 손상되지 않도록 수확한다.

병충해 & 그 외 파종 정보
종자는 4~5년생에서 초여름에 완숙한 종자를 채종한 뒤 과실을 물에 깨끗이 세척하고 1일 정도 그늘에서 건조시키는데, 8월 상순 이전에 끝내야 한다. 병충해로는 뿌리썩음병, 황병(토양에 소금기가 있을 경우) 등이 있다.

현삼 꽃

해열, 항염에 좋은
현삼

현삼과 여러해살이풀 *Scrophularia buergeriana* 꽃 : 8~9월 높이 : 1.5m

월별 재배 일지	1	2	3	4	5	6	7	8	9	10	11	12
씨뿌리기/묘두번식			■							■		
아주심기					■							
김매기						■	■	■				
밑거름 & 웃거름		■		■			■					
수확하기 박주									■	■		

　　현삼은 우리나라와 중국, 일본 등지에서 자생한다. 우리나라의 경우 깊은 산 계곡가나 초지에서 드물게 자라고 토현삼이나 큰개현삼은 조금 더 많이 볼 수 있다. 현삼은 흰색 뿌리를 자르면 검정색으로 변한다 해서 '흑삼' 이었으나 훗날 중국 현무진인 도사가 키웠다 하

현삼 잎

여 '검을 현'의 현삼(玄蔘)이라는 이름이 되었다. 뿌리에서 인삼 향이 나기 때문에 '인삼', '단삼', '고삼', '사삼'에 더해 다섯 가지 삼이라고 부른다.

현삼의 줄기는 높이 1.5m까지 자란다. 줄기는 네모지고 가지가 곧게 자라며 잔가지가 거의 갈라지지 않고 털이 없다. 마주난 잎은 잎자루에 날개가 있거나 없고 난형이며 가장자리에 톱니가 있다.

현삼 텃밭

꽃은 8~9월에 취산꽃차례로 달리며 황록색이고 줄기 끝에서 전체적으로 수상 원추꽃차례를 이룬다. '토현삼', '큰개현삼', '섬현삼'의 꽃은

현삼 전초

홍자색이므로 꽃의 색상을 보면 구별할 수 있다. 현삼의 꽃받침과 꽃잎은 끝부분이 각각 5개로 갈라지고 수술은 4개이다.

열매는 삭과로서 달걀 모양이고 9~10월에 결실을 맺는다.

강원도의 깊은 산에서 자생하는 것은 대개 꽃받침 열편이 날카로운 토현삼 종류이고, 지리산 일대에서 자생하는 것은 꽃받침 열편이 둔한 큰개현삼 종류이다. '섬현삼'과 '개현삼'은 잎에 윤채가 있는데 이 중 줄기에 날개가 있는 것은 개현삼이다. 현삼은 물론 토현삼, 큰개현삼, 섬현삼의 뿌리도 동일 약재로 취급하고 약용한다.

이용 방법
잎이 시든 늦가을(입동 전후)에 뿌리를 포함한 전초를 채취한 뒤 수염뿌리는 제거하고 햇볕에 말린다. 뿌리만 채취한 경우 햇볕에 말려 조금 찐 다음 다시 햇볕에 말린다.

약용 및 효능
뿌리는 해열, 항염, 해독, 담, 인후염, 불면증, 변비, 혈압강화, 혈관확장, 림프선염, 종기, 인후통, 강심, 폐렴에 효능이 있다. 10~15g을 달여 복용한다.

큰개현삼 꽃

토현삼 뿌리

섬현삼 열매

재배 환경
- 용기 재배
- 수경(양액) 재배
- 베란다 텃밭
- 노지(옥상) 텃밭

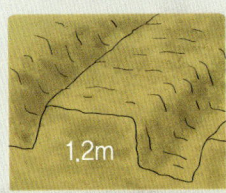
토양
비옥하고 축축한 토양 권장. 반그늘에서도 성장이 양호하다. 이랑 너비 1.2m.

파종
종자는 묘판으로 키운 뒤 아주 심는데, 이 경우 내후년에 실한 뿌리를 수확할 수 있다. 묘판이나 노지나 보통 가을에 파종하고 이듬해 봄에 아주 심는다.

모종
뿌리에서 채취한 묘두로 번식하면 1년 내에 뿌리를 수확할 수 있다. 10월 또는 3월 중순에 식재하고 가을에 수확한다. 재식 간격 55x40cm.

관리
여름에 꽃대가 올라오면 종자 채종용을 제외한 꽃대는 순지르기 한다.

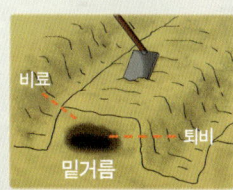

비료
파종 1개월 전에 유기질 비료와 퇴비 등을 주고 밭두둑을 만든다. 웃거름은 봄과 여름에 각 1회 준다.

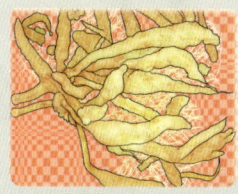

수확
잎이 시든 늦가을에 뿌리를 수확한다.

병충해 & 그 외 파종 정보
봄에 종자 번식 또는 묘두 번식을 한 경우 20일 전후에 싹이 나오므로 통상 60일 전후에 노지에 이식한다. 가을 파종의 경우 이듬해 4월경 싹이 올라온다.

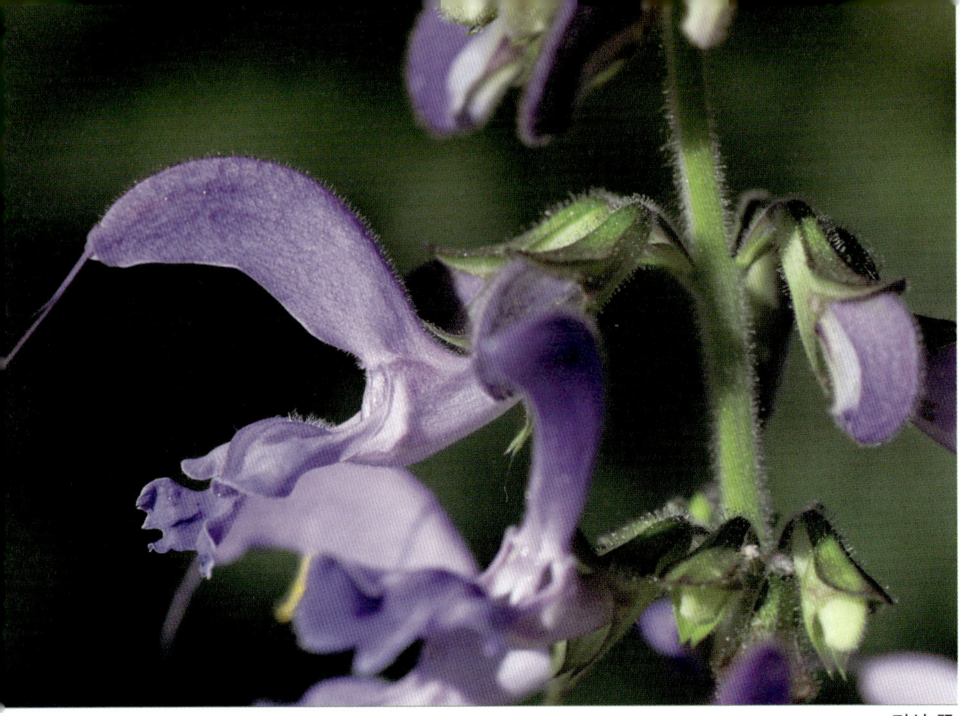

단삼 꽃

만성 신부전증, 혈액 순환, 뇌졸증에 좋은

단삼

꿀풀과 여러해살이풀　Salvia miltiorrhiza　꽃 : 5~6월　높이 : 80cm

월별 재배 일지	1	2	3	4	5	6	7	8	9	10	11	12
씨뿌리기		■	■	■								
아주심기				■	■							
김매기					■							
밑거름 & 웃거름	■	■	■									
수확하기 박주	■	■	■								■	■

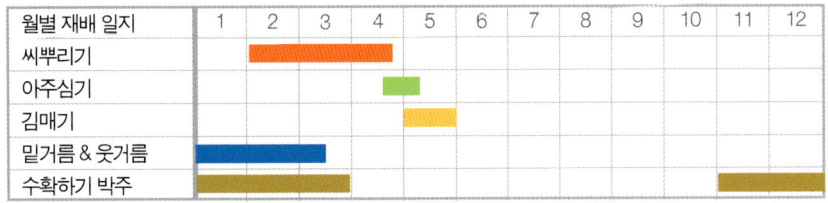

중국산 세이지 종류의 꽃으로서 국내 유사종으로는 참배암차즈기가 있다. 단삼(丹參)이란 명칭은 뿌리가 붉은색이라고 해서 이름이 붙었다. 우리나라에서는 혈액순환, 관절통, 불면증 약으로 사용하기 위해 약용 목적으로 더러 재배한다. 단삼의 약용 부위는 뿌리인데

단삼 잎

특유의 이상한 냄새가 난다.

　땅속 뿌리에서 네모진 줄기가 무리지어 올라오고 잔가지가 많이 갈라진다. 줄기에는 잔털이 발달해 있고 잎에도 잔털이 많다. 마주 난 잎은 2회깃꼴겹잎이며 작은 잎 1~3장으로 이루어져 있다. 뿌리에서 올라온 잎은 원~타원형이고 줄기잎은 달걀형~피침형이다.

　꽃은 5~6월에 개화하고 자주색이며 입술 모양이고 아랫입술은 3개로 갈라진다. 꽃이 달린 축에는 끈적끈적한 샘털이 있어 전체적으로 끈적하고 수술은 화관 밖으로 길게 나와 있다. 꽃은 줄기에서 돌려서 나고 꽃의 색상은 어두운 보라색~밝은 자주색이다. 단삼의 월동 가능 온도는 영하 10도이므로 국내의 경우 충청 이남이 좋으며 특히 해발 300m 이상에서 재배하는 것이 좋은 환경이 된다. 단삼 역시 꿀풀과 식물이므로 임산부의 과다복용을 피한다.

단삼의 꽃차례

줄기에 밀생한 털

이용 방법
늦가을~이른 봄 사이에 채취한 뿌리를 세척하여 햇볕에 건조시킨 뒤 약용한다. 세척할 때 수염 뿌리를 제거하지 않도록 주의한다.

약용 및 효능
중국 전통의학에서의 단삼은 만성 신부전증에 사용하는 약으로 유명하다. 그 외 혈액순환, 월경불통, 대하, 관절통, 협심증, 심근경색, 고혈압, 고지혈증에 사용할 수 있다. 최근 동물 실험에 의하면 단삼 추출물은 각종 뇌질환인 허혈성 뇌졸중, 퇴행성 질환, 뇌부종, 알츠하이머 병 등에 효능이 있는 것으로 알려졌다. 중국에서 출시된 단삼 추출물로 만든 약은 미국 식품의약국(FDA)에서 의약품으로 승인된 바 있다.

단삼 텃밭

단삼 싹

재배 환경
용기 재배
수경(양액) 재배
베란다 텃밭
노지(옥상) 텃밭

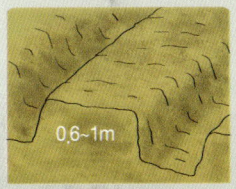
토양
토양을 가리지 않고 잘 자란다. 이랑 너비 0.6~1m 권장. 비닐 피복 재배 권장.

파종
비닐하우스에서 육묘할 경우 2월에, 노지에 파종할 경우 4월 중순 전후에 파종한다. 보통 6월~9월까지 꽃이 교차 개화한다.

모종
20도 온도에서 파종하면 2주 뒤 싹이 올라온다. 육묘한 경우 4월 하순 전후에 노지에 10cm 간격으로 밀식한다.

관리
단삼의 유효 성분은 뿌리껍질과 잔뿌리에 특히 많으므로 가급적 뿌리가 굵어지지 않도록 밀식 재배한다.

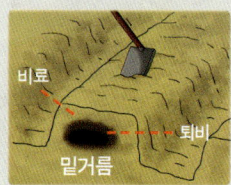

비료
유기질 비료와 퇴비를 주고 밭두둑을 만든다. 때에 따라 연 1회 정도 웃거름을 준다.

수확
단삼의 뿌리는 10월부터 이듬해 초봄 사이에 수확한다. 뿌리가 굵어지면 유효 성분이 많은 잔뿌리가 줄어듦으로 그 해 11월경 수확하는 것이 가장 좋다.

> **병충해 & 그 외 파종 정보**
> 단삼의 종자를 2년 이상 묵히면 발아율이 현저하게 떨어지므로 이듬해 바로 파종한다. 단삼 종자는 꽃대 아랫 잎이 70% 정도 누렇게 변해갈 때 꽃대가 있는 줄기를 수확하여 햇볕에 말린 후 털어서 채종하거나 인터넷 단삼 농가에서 구매한다.

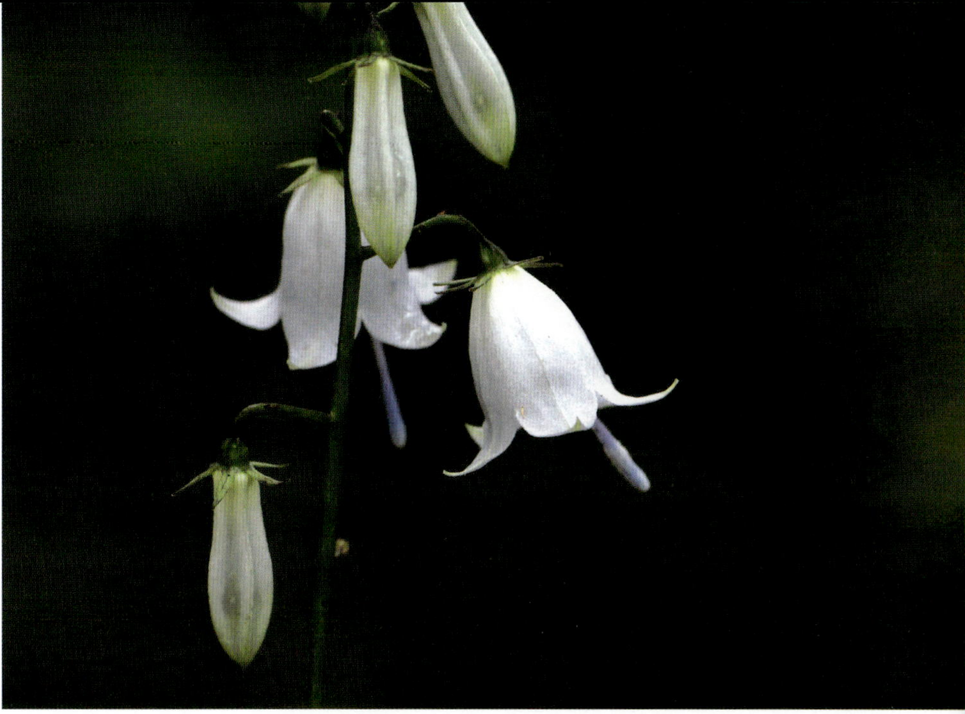

잔대 꽃

기침, 호흡기 질환에 좋은
사삼(잔대)

초롱꽃과 여러해살이풀   Adenophora triphylla   꽃 : 7~9월   높이 : 1.2m

월별 재배 일지	1	2	3	4	5	6	7	8	9	10	11	12
씨뿌리기												
솎음 & 아주심기												
김매기												
밑거름 & 웃거름												
수확하기				잎 수확						뿌리 수확		

　잔대는 해수면 높이에서 산의 해발 1,000m 사이에서 자생한다. 산에서는 주로 7~8부 능선의 큰 나무 아래 풀밭에서 여러 야생초들과 어울려 자생한다. 유사종인 모싯대는 수술이 길게 나와 있지 않지만 잔대는 꽃 밖으로 수술이 길게 나와 있는 것으로 구별할 수 있

잔대 전초

다. 또한 잔대의 잎은 돌려나기, 마주나기, 어긋나기를 하지만 모싯대의 잎은 어긋나기를 하기 때문에 구별할 수도 있다.

잔대의 뿌리는 도라지처럼 생겼지만 뿌리의 표면에 가로 주름이 짙고 도라지 뿌리는 가로 주름이 거의 없다. 뿌리 주름이 짙고 더 크면 더덕 뿌리일 확률이 높다.

뿌리에서 올라온 근생엽은 둥근 모양이고 줄기는 높이 1.2m로 자란다. 줄기에는 잔털이 있으며 줄기 잎은 3~5개씩 돌려나는데 잎자루가 없거나 짧고, 가장자리에 톱니가 있다. 모싯대의 잎은 잎자루가 길다.

꽃은 7~9월에 연한 하늘색이나 연한 붉은색으로 피고 가지 끝에서 원추꽃차례로 달린다. 꽃은 종 모양이며 끝이 5개로 갈라지고 꽃받침도 5개로 갈라진다. 수술은 5개이고 암술은 3개로 갈라진다. 열매는 삭과이며 9월에 결실을 맺는다.

잔대 잎

잔대 뿌리

 잔대의 유사종으로는 '층층잔대', '톱잔대', '털잔대', '흰단재', '당잔대', '모싯대' 등이 있다.

이용 방법
잔대 뿌리는 도라지처럼 식용할 수 있다. 민간에서는 매일 잔대 뿌리를 먹으면 몇 달 뒤 몸이 튼튼해진다고 한다. 달인 물은 가려움증에 효능이 있다. 잔대의 어린 싹은 나물로 무쳐먹거나 샐러드로 먹을 수 있는데 맛이 아주 좋다.

약용 및 효능
잔대의 뿌리를 사삼(沙蔘)이라 하며 약용한다. 진해, 강심, 항균, 감기, 기침, 거담, 혈압강하에 효능이 있고 몸 속의 100가지 독소를 없애며 허한 몸을 보하고 자양강장에 효능이 있다. 10~15g을 달여 먹는다.
잔대는 민간에서 '딱주' 라고 부르기도 한다.

층층잔대

계빙산의 보섯대

재배 환경
용기 재배
수경(양액) 재배
베란다 텃밭
노지(옥상) 텃밭

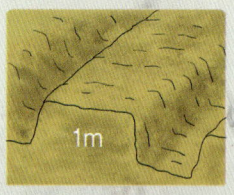
토양
유기질의 비옥한 토양에서 잘 자란다. 이랑 너비 1m 권장. 파종 간격 30cm. 비닐 피복 재배 권장.

파종
10월 하순 전후에 채종한 종자를 바로 노지에 직파하고 볏짚으로 덮어준다. 또는 3월 하순 전후에 파종한다.

모종
가을에 묘상에 파종한 뒤 1년간 육성한 뒤 본밭에 이식할 수도 있다. 봄에 싹이 올라오면 5월경 20cm 간격이 되도록 솎아낸다.

관리
봄에 어린 잎을 수확한 뒤 5월 중순에 지주대를 세워준다. 30~50%로 차광하면 잎의 수확량이 많아진다.

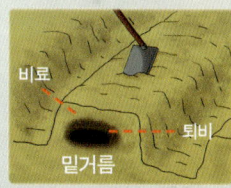

비료
파종 10~20일 전에 유기질 비료와 퇴비를 주고 밭두둑을 만든다.
웃거름은 6월 하순과 7월 하순에 준다.

수확
2년생부터 잎을 나물로 먹기 위해 수확한다. 봄에 잎이 동전 크기만할 때 줄기 하단부를 10cm만 남기고 수확한다. 뿌리는 아무 때나 수확하되 2~3년생을 수확한다.

병충해 & 그 외 파종 정보
잔대 종자는 꽃이 핀 후 50일 전후에 줄기채 거두어 망사에 넣어 통풍이 잘 되는 곳에 건조시킨 뒤 채종하고 바로 직파한다. 또는 노천에 매장한 뒤 이듬해 봄에 파종한다.

인제의 층층잔대 텃밭

잔대와 층층잔대 싹은 딱 이 정도로일 때 수확해서 나물로 출하한다.

각종 피부염에 사용하는
고삼

콩과 여러해살이풀 Sophora flavescens Solander 꽃 : 6~8월 높이 : 1.5m

월별 재배 일지	1	2	3	4	5	6	7	8	9	10	11	12
씨뿌리기				■								
김매기						■						
솎아내기					■							
밑거름 & 웃거름			■		■			■				
수확하기				■				■				

    고삼은 '도둑놈의 지팡이' 라고도 불린다. 우리나라와 극동 3국, 러시아 등지의 양지바른 풀밭, 강가, 모래밭, 황무지에서 자생한다. 최근 연구에 따르면 고삼에는 니코틴과 유사한 시토신(Cytosine)이 함유된 것으로 알려져 있다. 약용은 하되 과다복용하는 것은 피하는

고삼 열매　　　　　　　　　　　　　고삼 잎

것이 좋다.

　땅속 뿌리에서 올라온 줄기는 높이 1.5m로 자란다. 잎은 줄기에서 어긋나게 달리고, 작은 잎이 홀수깃꼴겹잎으로 달리기 때문에 아까시 잎과 닮았다. 보통 15~40개의 작은잎이 무리지어 달리기 때문에 줄기가 무게를 이기지 못해 활처럼 휘어지는 경향이 많다. 1년생 가지는 잔털이 있지만 자라면서 없어진다.

　꽃은 6~8월에 가지 끝에서 총상꽃차례로 달린다. 꽃은 나비 모양이고 연한 황색으로서 아까시 꽃과 닮아 있지만 조금 작다. 꽃받침은 통 모양이고 수술은 10개이다. 꽃에는 꿀이 많기 때문에 밀월식물로 사용할 수 있다.

　열매는 9~10월에 익는데 협과이고 선형이다. 열매 안에는 평균 3~7개의 종자가 들어 있다.

　땅속 뿌리는 황색이고 맛은 매우 쓰다.

고삼 전초

이용 방법
봄 또는 가을에 뿌리를 수확한 뒤 수염뿌리는 뜯어내고 세척하여 햇볕에 말린 뒤 약용한다.
전초에 유독성분인 시토신(Cytosine)이 함유되어 있으므로 어린 잎은 생식할 수 없고 뿌리 또한 유독하므로 생으로 먹거나 다량 섭취하면 대뇌마비와 같은 부작용이 발생할 수 있다. 잎에는 살충 성분이 있어 살충제나 구충제로 사용할 수 있다.

고삼 싹

약용 및 효능
이 식물의 뿌리를 고삼이라 하며 약용한다. 뿌리의 맛이 매우 쓰기 때문에 고삼(苦蔘)이란 생약명이 붙었다. 두통, 폐렴, 대하, 소화불량, 신경통, 편도선염, 나병, 간염, 황달, 화상, 옴, 습진, 소염, 치질에 효이 있다. 주로 피부병에 외용하는 것이 좋다. 4.5~9g을 달여서 복용하거나 외용한다. 종자는 눈을 밝게 하고 구충에 효능이 있다. 종자는 분말로 만든 뒤 0.9~1.5g을 복용한다.

고삼 어린 잎

재배 환경
용기 재배
수경(양액) 재배
베란다 텃밭
노지(옥상) 텃밭

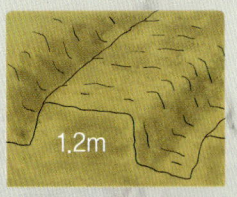
1.2m

토양
토양을 가리지 않고 잘 자라지만 사질 양토를 권장한다. 이랑 너비 1.2m. 텃밭 경계지에 울타리 삼아 심어도 된다.

파종
3월 하순~4월에 점뿌리기로 2~3cm 깊이에 심는다. 보통 2~3주 뒤에 발아한다. 분주 번식은 봄·가을에 할 수 있다.

모종
모종 높이가 5~10cm로 자랐을 때 본밭에 이식할 수 있다. 재식 간격 40cm.

관리
고랑을 깊게 파고 이랑을 높게 쌓아 물빠짐을 좋게 하면 뿌리썩음병이 발생하지 않는다.

비료
파종 1개월 전 유기질 비료와 퇴비 등을 주고 밭두둑을 만든다. 웃거름은 5월과 8월 상순에 준다.

수확
재배 2~3년생 뿌리를 수확한다. 3~4월 또는 8~9월에 수확한다.

병충해 & 그 외 파종 정보
고삼 종자는 7~9월에 콩깍지가 어두운 갈색으로 변했을 때 채종한 뒤 종자를 채종한다. 종자는 파종 전 40~50도의 온수에 12시간 담가놓았다가 파종한다.

황기 꽃

당뇨, 노화 방지에 좋은
황기

콩과 여러해살이풀   Astragalus membranaceus   꽃 : 7~8월   높이 : 1m

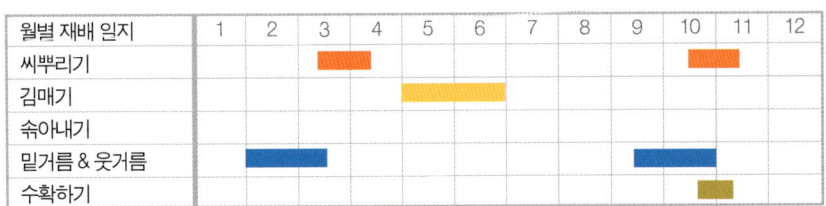

월별 재배 일지	1	2	3	4	5	6	7	8	9	10	11	12
씨뿌리기												
김매기												
솎아내기												
밑거름 & 웃거름												
수확하기												

　'단너삼' 이라고도 불리는 황기는 뿌리를 허약체질에 약용하는 식물이다. 보통 사람들에게는 황기찐빵이라는 이름으로 널리 알려져 있다. 황기찐빵은 밀가루 반죽에 황기 추출물 또는 황기 가루를 넣어 만든 찐빵으로 조금 과장을 하면 노화 방지에도 효능이 있는 찐

빵이다.

황기 전초

황기는 강원도의 깊은 숲속이나 바위틈, 모래땅, 초원에서 자생한다. 국내에서는 강원도 정선에서 약용 목적으로 황기를 많이 재배하는데 전국 생산량의 70%를 차지할 정도로 유명하다.

황기의 줄기는 높이 1m이고 부드러운 잔털이 있다. 어긋난 잎은 보통 6~11쌍의 작은 잎으로 되어 있고 잎의 가장자리는 밋밋하다.

7~8월에 피는 황기 꽃은 잎겨드랑이에서 황백색으로 개화한다. 꽃받침은 5개로 갈라지고 수술은 10개, 열매는 협과이고 11월에 결실을 맺는다. 열매 안에는 보통 5~7개의 종자가 들어 있다.

국내에서는 뿌리를 주로 약용하지만 중의학에서는 50가지의 기본 약초에 속할 정도로 인기 있는 약초이다. 중국에서는 주로 당뇨 치료에 사용하지만 최근 연구에 의하면 황기 추출물로 만들어진 TA-65가 노화 방지에 효능이 있는 것으로 알려져 있다.

황기 잎

황기 열매

이용 방법
수확한 뿌리를 세척한 후 겉껍질을 벗겨내고 햇볕에 잘 말린다. 황백색일 경우 좋은 제품이고 색이 어두우면 좋은 제품이 아니다. 뿌리를 백숙에 넣어 먹거나 황기 가루를 만들어 찐빵 또는 국수 반죽에 사용한다.

황기 싹

약용 및 효능
이 식물의 뿌리를 황기(黃芪)라고 부르며 약용한다. 허약체질, 강장, 당뇨, 이뇨, 종기, 강심, 해열, 피로, 혈압강하, 자궁탈출, 자궁출혈, 혈액순환, 권태, 노화방지, 식은땀, 다한증, 새 살을 돋아나게 하는 데 효능이 있다.

5월의 황기

정선의 황기 꽃

황기 밭

재배 환경
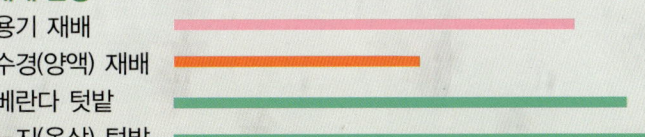
용기 재배
수경(양액) 재배
베란다 텃밭
노지(옥상) 텃밭

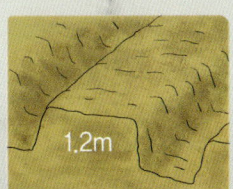
토양
자갈밭을 피한다. 점질 토양에서는 품질이 좋고 사질 토양에서는 수량이 많아진다. 이랑 너비 1.2m.

파종
중부 지방은 3월 하순 전후에 직파하고 남부 지방은 11월 하순 전후에 직파하되 남부 지방에서는 어린 뿌리가 손상을 입지 않도록 월동 관리를 한다.

모종
뿌리를 잘 키워야 하는 약초이므로 모종 이식보다는 파종이 좋다. 재식 간격은 15~20cm가 좋다.

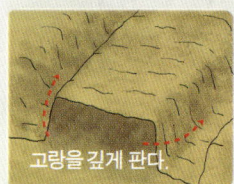

관리
고랑을 깊게 파서 수분을 다소 건조하게 한다.

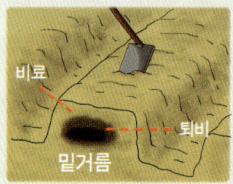

비료
파종 1개월 전 유기질 비료와 퇴비 등을 주고 밭두둑을 만든다. 비료를 많이 주면 잎만 무성하고 뿌리가 부실하므로 주의한다.

수확
재배 2년차 11월에 뿌리를 수확한다. 3년차는 뿌리가 깊기 때문에 삽으로 수확하는 것이 어렵다.

병충해 & 그 외 파종 정보
황기 종자는 보통 2년 이상 자란 황기에서 11월경에 종자를 받는다. 가을 파종은 종자를 받은 후 바로 파종한다. 인터넷 약초상에서 종자를 구할 수도 있다. 꽃이 진 후 흰가루병이 나타나면 잎과 줄기를 뜯어내어 방제해도 무방하다. 줄기를 뜯어내어도 이듬해 다시 싹이 돋아난다.

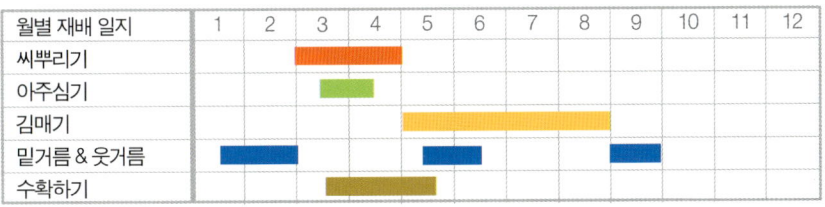

맥문동 꽃

허약 체질, 기침 천식에 좋은
맥문동

백합과 상록 여러해살이풀 *Liriope muscari* 꽃 : 5~6월 높이 : 30~50cm

월별 재배 일지	1	2	3	4	5	6	7	8	9	10	11	12
씨뿌리기												
아주심기												
김매기												
밑거름 & 웃거름												
수확하기												

　맥문동은 도시 공원의 큰 나무 밑에서 흔히 볼 수 있는 잔디처럼 생긴 식물이다. 맥문동(麥門冬)이란 이름의 유래는 잎이 보리와 비슷해서 붙여졌다는 설, 뿌리가 보리 뿌리와 비슷해서 붙었다는 설, 겨울에도 죽지 않는 풀이라는 뜻에서 붙여졌다는 설이 있다. 맥문동

맥문동 열매

은 우리나라는 물론 중국, 대만, 일본 등에서 자생한다.

　큰 나무 밑의 반그늘이나 음지에서 자생하는 맥문동은 언뜻 보면 잔디와 비슷하지만 잔디와는 다른 백합과 식물이다. 맥문동은 6세기경 양나라의 도홍경이 간행한《신농본초경》에서 처음 언급된 뒤 우리나라에서는 서기 1236년(고려 고종 23)에 간행된《향약구급방》에서 '동사이(冬沙伊)'라는 이름으로 기록되는데, 이를 보아 고려 시대와 조선 초에는 '동사이'라는 이름으로 불린 것으로 보인다.《향약구급방》에서 언급된 후 국내에서도 약용 식물로 알려진 맥문동은 1613년(광해군 5년)에 간행된《동의보감》에서 '겨으사리 불휘'라는 이름으

맥문동 잎

맥문아재비

개맥문동

로 불리면서 한의학에서 빼놓을 수 없는 약초가 되었다.

맥문동은 앞에서 말했듯이 그늘진 환경에서 잘 자라는 식물이다. 땅밑에서 두툼하고 짧은 뿌리줄기에서 잎이 올라온 뒤 가운데에서 긴 꽃대가 올라온다. 뿌리는 옆으로 퍼지지 않는 대신 잔뿌리의 끝부분이 조금씩 두툼해지면서 약용으로 사용된다.

맥문동의 꽃은 5~6월에 꽃대 끝에서 수상화서로 달린다. 꽃은 처

밭에서 재배하는 맥문동

맥문동 밭

맥문동 어린 잎

음에는 둥근 공 형태였다가 온도가 올라가면 꽃잎이 벌어진다. 수술은 6개이고 암술은 1개이다.

열매는 9월 전후에 둥근 공 형태로 자라는데 처음에는 녹색이었다가 늦가을에 검정색으로 성숙한다. 열매 안에는 검정색 씨앗이 있다.

맥문동의 유사종은 '개맥문동'과 '맥문아재비'가 있다. 맥문동과 개맥문동은 꽃 모양과 잎맥으로 구분하는데 맥문동의 잎맥은 11~15개, 개맥문동의 잎맥은 7~11개이다. 맥문아재비는 맥문동과 거의 비슷하지만 꽃의 뒤쪽이 조금 나팔 형태로 튀어나와 있다. 일반적으로 약용 목적으로 재배할 때는 맥문동이나 개맥문동을 재배하는 것이 좋은데 가급적 맥문동을 재배하는 것이 좋다. 약용으로 사용하지 않는 맥문아재비는 보통 온실에서 지피 식물로 식재한다.

맥문동 꽃

이용 방법
맥문동과 개맥문동은 정원이나 공원의 큰 나무 하부에 지피 식물로 흔히 심는다. 공원에 지피 식물로 식재한 맥문동은 대기 오염 물질에 오염된 식물이므로 약용 목적으로 사용하지 않는다. 밭에서 재배할 경우 뿌리가 있는 부분을 발로 밟지 않으면 더 큰 뿌리를 수확할 수 있다. 수확한 뿌리는 맥문동 차, 맥문동 술로 담가 먹거나 약용한다.

약용 및 효능
일반적으로 2년이나 3년째 자란 맥문동의 뿌리를 수확한 뒤 약용한다. 튼실한 뿌리를 수확하려면 꽃이 피기 전인 3월 중순~4월 말 전후에 수확한다. 변비, 강장, 거담, 소염, 해열, 폐농양, 폐결핵, 당뇨, 열병, 두통, 불면증, 병후회복, 호흡곤란, 젖먹이의 영양결핍, 담이나 객혈 같은 피를 토하는 증세, 목이 건조하고 입이 마르는 증세에 효능이 있다. 맥문동 뿌리는 다른 한약을 제조할 때 섞어서 사용하는, 쓰임새가 많은 약초이다.

재배 환경
- 용기 재배
- 수경(양액) 재배
- 베란다 텃밭
- 노지(옥상) 텃밭

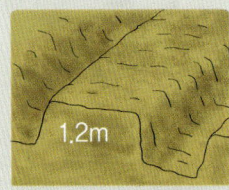

토양
토양을 가리지 않지만 적당히 비옥한 사질 양토에서 잘 자란다. 이랑 너비 1.2m.

파종
10~11월에 채취한 종자를 1주일간 바람에 말린 뒤 젖은 모래와 섞어 저장한다. 이듬해 봄 묘판 또는 트레이에 파종한 후 그 이듬해 봄 노지에 이식한다. 대량 재배에 적당하다.

모종
봄철 뿌리 수확 시 덩어리는 약용하고 나머지 뿌리를 분주로 수십 다발 확보한 뒤 뿌리 하단부와 상단 줄기를 5~10cm 남기고 잘라낸 뒤 바로 심는다. 재식 간격 15~30cm.

관리
7월부터 꽃대를 수시로 제거해 튼실한 뿌리가 만들어지도록 한다. 김매기는 수시로 한다.

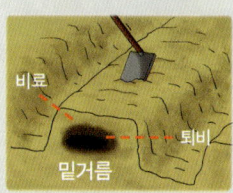

비료
심기 1개월 전 유기질 비료와 인산, 칼리를 주고 밭두둑을 만든다. 웃거름은 6월 하순과 9월 상순에 주되 유기질 비료 외에 인산, 칼리를 2:1 비율로 섞어서 준다.

수확
재배 2~3년차인 3월 중순~4월 말에 뿌리를 수확하여 깨끗이 세척하고 햇볕에 잘 말린 뒤 통풍이 잘 되는 곳에 보관한다.

병충해 & 그 외 파종 정보
달팽이, 굼벵이, 탄저병, 뿌리썩음병 등이 발생하므로 병충해 방제에 만반을 기한다. 뿌리에 비해 잎이 너무 무성하면 비료를 많이 공급한 것이므로 비료 공급을 줄인다. 종자 번식은 발아에 2~3개월 소요될 뿐 아니라 1년간 묘판에서 잘 관리해야 한다. 텃밭에서 소량 재배할 경우 분주 번식이 가장 좋다.

도시 공원의 큰 나무 하부에 흔히 식재되어 있는 맥문동

맥문동의 좋은 뿌리를 얻으려면 양지에서 재배하는 것이 좋다.

소리쟁이 꽃

간염, 기관지염에 사용하는
소리쟁이(우이대황)

마디풀과 여러해살이풀 *Rumex crispus* 꽃 : 6~7월 높이 : 30~80cm

월별 재배 일지	1	2	3	4	5	6	7	8	9	10	11	12
씨뿌리기								■	■			
김매기					■	■						
솎아내기					■	■						
밑거름 & 웃거름							■	■				
수확하기				■	■	■				■	■	

    소리쟁이는 농촌의 농가 근처, 길가, 냇가, 바닷가 주변의 물기가 괴어 있는 습한 곳에서 자생한다. 세계적으로는 북미, 아시아, 아프리카에서도 흔하게 자라는 식물이다. 유사종으로는 '참소리쟁이', '돌소리장이', '장군풀', '개대황', '토대황' 등이 있는데 약효 면에

소리쟁이 잎

소리쟁이 열매

서는 북한에서 자생하는 '장군풀'을 가장 높이 쳐준다.

　소리쟁이는 4월에 땅속 뿌리에서 근생엽이 모여서 올라온다. 잎의 표면이 지글지글하고 가장자리에 물결 모양 톱니가 있다. 원줄기는 높이 80cm까지 자라고 마디마다 잎이 어긋나게 달린다.

　6월에는 줄기 상단부에서 여러 개의 꽃대가 돋아나고 각 꽃대마다 녹색의 잔꽃들이 주렁주렁 돌려나면서 층을 이루어서 전체적으로 원추꽃차례를 만든다. 꽃은 화피(꽃덮개) 갈래 조각이 6개씩 돌려나며 수술은 6개, 암술대는 3개인데 꽃잎이 없기 때문에 열매처럼 보이지만 봉우리가 벌어지면 수술이나 암술이 보인다.

　열매는 7~8월에 화피 조각이 있는 곳에서 자라는데 3개의 내화피가 날개처럼 달라붙어 있다. 소리쟁이의 잎은 긴피침형~긴타원형이고, 토대왕의 잎은 긴 타원형~긴 삼각형이고 가장자리가 밋밋하다. 소리쟁이, 참소리쟁이 등은 잎 모양이 비슷하기 때문에 대개 열매 모양을 보고 구별한다.

안면도의 소리쟁이

이용 방법

소리쟁이의 어린 잎은 나물로 무쳐먹고 잎과 뿌리는 약용하는데 주로 뿌리를 약용한다.
소리쟁이란 이름은 잔주름이 많은 잎이 바람이 불 때마다 소리를 낸다 하여 붙은 이름이다.

약용 및 효능

소리쟁이, 참소리쟁이 뿌리를 우이대황(牛耳大黃) 또는 패독채라고 부르며 약용한다. 만성 기관지염, 급성간염, 변비, 두통, 이질, 식욕부진, 개선피부염, 백선피부염, 독창, 종기 등에 효능이 있고 피를 보(補)한다. 15~30g을 달여서 복용하거나 외용한다.
최근 연구에 의하면 항암에도 효능이 있는 것으로 알려졌다.

소리쟁이 뿌리잎

참소리쟁이

재배 환경

용기 재배
수경(양액) 재배
베란다 텃밭
노지(옥상) 텃밭

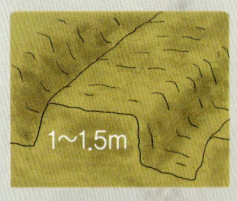

1~1.5m

토양

사질 양토에서 잘 자란다. 이랑 너비 1~1.5m. 텃밭 주위의 축축한 빈터나 물가에 울타리를 겸해 심는다.

파종
8~9월에 종자를 채종한 뒤 즉시 파종한다. 분주로도 번식할 수 있다.

모종
재식 간격은 30cm로 한다.

관리
어느 정도 촉촉한 토양이면 별다른 관리 없이 잘 자란다. 큰 뿌리를 수확하기 위해 적당히 솎아내고 김매기도 한다.

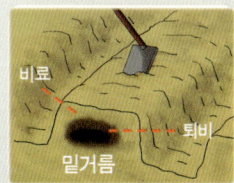

비료
파종 1개월 전 유기질 비료와 퇴비 등을 주고 밭두둑을 만든다.

수확
소리쟁이 뿌리는 봄 또는 가을에 수확한다. 양질의 뿌리를 수확하려면 2~3년생에서 수확한다.

병충해 & 그 외 파종 정보

소리쟁이는 농촌의 습한 곳, 하천, 강가에서 흔하기 때문에 재배 기록이 없지만 양질의 뿌리를 수확하기 위해 재배한다. 재배할 때는 다른 작물을 침략할 수 있으므로 멀리 빈터에다 심고 종자가 날리지 않도록 관리한다.

둥굴레 꽃

자양 강장에 좋은
둥굴레, 원황정, 진황정

백합과 여러해살이풀   Polygonatum odoratum   꽃 : 4~6월   높이 : 30~60cm

월별 재배 일지	1	2	3	4	5	6	7	8	9	10	11	12
씨뿌리기				■							■	
아주심기					■							
솎음&김매기					■	■						
밑거름 & 웃거름				■	■					■	■	
수확하기					■	■				■	■	

   산과 계곡, 들판에서 자라는 둥굴레는 '맥도둥굴레', '애기둥굴레'라고도 불리며 가정 집의 구수한 맛의 둥굴레 차로 유명하다. 둥굴레 차로 이용하는 부분은 둥굴레의 뿌리인데, 이 뿌리는 단맛이 있어 햇빛에 잘 말려 차로 마시거나 이른 봄에 캔 뿌리는 생식으로

둥굴레 전초

먹을 수 있다. 약용 또는 식용 목적의 둥굴레는 '진황정(대잎둥굴레)'이나 '원황정(층층갈고리둥굴레)'을 재배하는 것이 좋다.

둥굴레 어린 잎

둥굴레 싹

둥굴레 열매

    둥굴레의 땅속 뿌리는 마처럼 생겼는데 옆으로 뻗으며 마디가 생기며 수염뿌리가 있다. 이 뿌리에서 원줄기가 올라오는데 줄기는 보통 각진 형태이고 6개의 줄이 있다. 둥굴레의 줄기는 잔가지를 발생하지 않고 1개의 줄기만이 오로지 꼿꼿이 자라는데 위로 자랄수록 고개를 조금씩 숙인다.

    잎은 어긋나고 앞 면은 녹색, 잎 뒷면은 녹색 바탕에 흰색기가 돈다. 둥굴레는 풀솜대나 애기나리와 잎 모양이 비슷하기 때문에 꽃이 피지 않았을 때는 잎 모양과 줄기를 보고 구별해야 한다.

둥굴레 뿌리

　4~6월에 피는 꽃은 전체적으로 흰색이지만 꽃잎의 끝 부분은 녹색이고 1~2개씩 잎겨드랑에 달린다. 꽃은 처음에는 원통형이었다가 종 모양으로 개화하고 암술은 1개, 수술은 6개이다.
　열매는 9~10월에 검정색 포도 알맹이처럼 결실을 맺는다.
　둥굴레의 영어명은 Solomon's Seal(솔로몬의 옥새)인데 이는 꽃이 '다윗의 별'과 비슷한 육각형이기 때문이다.

하설산 기슭의 원황정 밭

이용 방법
둥굴레의 어린 잎과 성숙한 잎은 나물로 볶아 먹는다. 둥굴레 뿌리는 잘 말린 뒤 달여 먹거나 둥굴레 차로 마신다. 둥굴레를 나물 채취용으로 할 경우에는 일반 둥굴레를 재배해도 상관없지만 뿌리 채취용 둥굴레는 진황정 또는 원황정을 재배해야 한다. 성숙한 열매는 독성이 있으므로 식용하지 않는다.

약용 및 효능
둥굴레의 뿌리는 당뇨, 과로, 생진, 폐렴, 마른기침, 심장쇠약, 신경쇠약, 허약체질, 약한 뼈를 튼튼히 한다. 6~9g을 달여 복용한다. 진황정과 원황정이 더 효능이 좋고 뿌리도 굵기 때문에 뿌리 수확 목적이라면 진황정 또는 원황정을 재배한다.

재배 환경
용기 재배
수경(양액) 재배
베란다 텃밭
노지(옥상) 텃밭

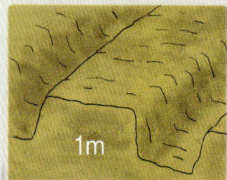
토양
유기질의 비옥토에서 잘 자란다. 이랑 너비 1m.
나물로 먹을 잎의 수확이 목적이면 비닐 하우스에서 재배한다.

파종
11월에 종자를 채종한 뒤 바로 직파 또는 비닐 하우스에서 파종. 노천 매장한 뒤 이듬해 4월 초 노지 파종해도 된다. 분주 번식은 봄~가을에 한다.

모종
분주로 번식한 경우 싹이 올라오면 본밭에 이식한다. 재식 간격은 15cm. 나물로 먹을 잎의 수확이 목적이면 더 밀식한다.

관리
때때로 김매기를 하고 속아낸 어린 잎은 나물로 먹는다. 잎 수확 목적의 비닐 하우스 재배 시 여름에 30% 차광하고 2모작도 가능하다.

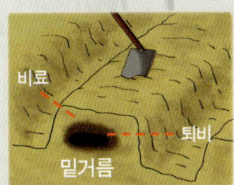

비료
파종 15~30일 전에 유기질 비료와 퇴비 등을 주고 밭두둑을 만든다. 웃거름은 봄에 1회 준다.

수확
잎은 15cm로 자랐을 때 수확한다. 뿌리는 2~3년생 이상을 채취하되 연중 채취할 수 있지만 늦가을에 채취하는 것이 가장 좋다.

원황정둥굴레(층층갈고리둥굴레)

진황정둥굴레

각시둥굴레

죽대둥굴레

병충해 & 그 외 파종 정보
비닐 하우스에서 재배할 경우 여름에 30% 차광하면 생육이 더 좋다.

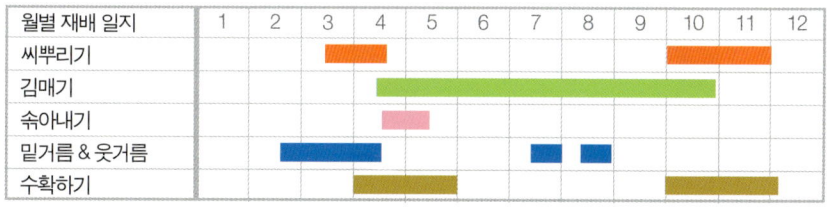

용담 꽃

위장와 강장에 좋은
용담 & 과남풀

용담과 여러해살이풀 *Gentiana scabra* 꽃 : 8~10월 높이 : 60cm

월별 재배 일지	1	2	3	4	5	6	7	8	9	10	11	12
씨뿌리기			■	■						■	■	
김매기				■	■	■	■	■	■	■		
솎아내기				■	■							
밑거름 & 웃거름			■	■			■	■				
수확하기				■	■					■	■	

　금강산 약초쟁이가 발견했다는 용담은 뿌리의 맛이 웅담보다 쓰기 때문에 용담이란 이름이 붙었다. 용담은 우리나라와 중국, 시베리아, 일본에서 자생하는데 우리나라에서는 주로 해발 800m 이상의 높은 지대에서 볼 수 있다. 유사종으로는 '과남풀(칼잎용담)', '구슬

용담 전초

용담 잎

용담 열매

붕이', '비로용담', '진퍼리용담' 등이 있는데 과남풀과 용담을 동일 약재로 취급한다.

  용담의 땅속 뿌리는 라면 가닥처럼 굵고 줄기는 높이 60cm로 자란다. 마주난 잎은 잎자루가 없고 피침형이며 가장자리에 톱니가 없다. 일반적으로 과남풀 잎은 용담 잎에 비해 더 길쭉한 형태이다.

  용담의 꽃은 8~10월에 잎겨드랑이와 줄기 끝에서 여러 송이가 모여서 핀다. 꽃은 종 모양이고 색상은 자주색이다. 꽃받침은 통 모양이고 끝이 5가닥으로 갈라진다. 용담은 꽃받침이 뒤로 말리고, 과남풀은 꽃받침이 꽃잎 뒤에 거의 붙는다. 5개의 수술은 화관통에 붙어 있다. 용담의 암술은 1개인데 과남풀의 경우 암술머리가 2개로 갈라진 경우가 많다.

  10~11월에 결실을 맺는 열매는 삭과이고 시든 꽃봉우리 안에 있다. 열매 안의 종자는 넓은 피침형으로 날개가 있다.

용담 싹

용담 뿌리

이용 방법
봄 또는 가을에 용담의 뿌리를 채취하는데 가을에 채취한 것을 더 높이 쳐준다. 수확한 뿌리는 깨끗한 물에 세척하고 햇볕에 말린 뒤 약용한다.

약용 및 효능
용담, 큰용담, 과남풀의 뿌리를 '용의 쓸개'라는 뜻에서 용담(龍膽)이라는 생약명으로 부르며 약용한다. 강장, 인후통, 간염, 위염, 두통, 황달, 종창, 음낭종통, 음부습양에 효능이 있다. 3~10g을 달여서 복용한다.

> **《참고》 꺾꽂이 번식**
> 용담은 품종에 따라 끝순을 5cm로 잘라 발근 촉진제를 바르고 꺾꽂이하면 통상 1개월 뒤에는 뿌리를 내린다.

재배 환경
용기 재배
수경(양액) 재배
베란다 텃밭
노지(옥상) 텃밭

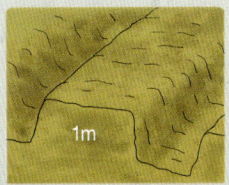

토양
비옥한 사질 양토에서 잘 자라는데 특히 산성 토양에서 더 잘 자란다. 이랑 너비 1m.

파종
10~11월에 잘 익은 종자를 채취한 뒤 바로 직파하거나 저온 저장 후 이듬해 3월 하순~4월 상순에 파종한다. 묘판에 파종할 경우 7cm 간격이 좋다. 파종 20여 일 뒤 발아한다.

모종
봄 또는 가을에 분주 번식한다. 4월 말에 2도에서 20일간 저온 처리 후 5월 중순에 심는다. 아주심기는 잎이 2~3매일 때 한다. 재식 간격 15~20cm.

관리
잎이 2~3매일 때 솎아내면서 절화용 상품을 만든다. 김매기도 한다. 고온에 취약하므로 하우스 재배 시 온도가 25를 넘지 않도록 관리한다.

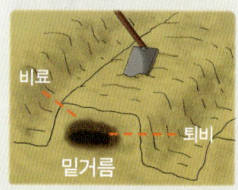

비료
파종 20~30일 전 유기질 비료와 퇴비를 주고 밭두둑을 만든다. 웃거름은 이른 봄과 7월 말, 8월 말에 준다. 산성 토양에서 잘 자라므로 석회질 비료는 피한다.

수확
절화용 출하는 필요할 때 하고, 뿌리는 4년 이상 키운 뒤 수확한다. 수확까지 오랜 시간이 필요할 뿐 아니라 수확량이 적기 때문에 대량 재배해야 절화용 출하 등의 이득이 생긴다.

병충해 & 그 외 파종 정보
용담을 종자 파종으로 번식한 경우 싹이 올라온 뒤 개화는 1년 뒤에 한다. 1년차 육묘 기간에는 성장 속도가 매우 더디기 때문에 알아서 김매기를 해야 한다. 일단 수확을 시작하면 4~5년간 수확할 수 있다.

04

나물로도 판매하고
약초로도 먹는
특용 텃밭 작물

횡성 덕고산의 큰참나물 꽃

고혈압, 당뇨를 예방하는
참나물

산형과 여러해살이풀 Pimpinella brachycarpa 꽃 : 6~8월 높이 : 80cm

월별 재배 일지	1	2	3	4	5	6	7	8	9	10	11	12
하우스파종			■	■								
노지파종				■	■							
김매기					■	■						
밑거름 & 웃거름			■	■								
수확하기				■	■	■	■	■	■	■	■	■

　　참나물은 가정주부들이 반찬으로 즐겨 만드는 그 참나물을 말한다. 참기름과 소금으로만 무쳐도 새콤하고 쓴 맛이 일품이어서 봄철 잃어버린 미각을 찾을 때 좋은 반찬이다. 시장에서 흔히 보는 참나물은 파드득나물을 나물용으로 개량한 품종이지만, 산에서 자생하

참나물

는 참나물은 진품 참나물이기 때문에 더 맛나다.

참나물은 깊은 산의 활엽수 밑 얼룩 그늘에서 더러 자란다. 줄기는 높이 1m까지 자라고 잎은 어긋난다. 잎자루는 줄기를 감싸고 있고 잎을 비비면 아싸한 향기가 난다.

잎은 보통 3장의 작은 잎으로 되어 있는데 달걀 모양이며 가장자리에 톱니가 있다. 나물로 먹은 부분은 참나물의 잎과 줄기인데 생

참나물 어린싹

참나물 열매

큰참나물 잎

큰참나물 뿌리

으로 먹으면 매우 쓰기 때문에 살짝 데친 후 참기름이나 고추장, 된장으로 버무려 먹는다. 지방에 따라 참나물로 김치를 담가 먹기도 한다.

　꽃은 6~8월에 줄기나 가지 끝에서 복산형꽃차례로 달린다. 작은 화서는 10개 내외이고 이 곳에 자잘한 흰색 꽃이 10~13송이씩 달린다. 꽃에는 꽃받침이 있고 꽃잎은 5개, 수술도 5개이다.

　참나물의 열매는 9월에 결실을 맺는다.

이용 방법
참나물과 파드득나물의 뿌리를 '진삼'이라 하며 인삼처럼 먹는다. 당뇨병 예방에 효능이 있다. 참나물은 무침뿐 아니라 쌈밥, 겉절이, 전, 두부 무침, 묵 무침, 골뱅이 무침 등과 쌈채로 먹을 수 있다. 생즙으로 먹으면 시력에 좋다. 마트에서 판매하는 참나물은 계량종이므로 제 효과를 보려면 산에서 야생 참나물을 채취하는 것이 좋다. 야생 참나물은 해발 400~1,000m 지대의 활엽수림 아래의 축축한 비탈길에서 더러 자란다.

약용 및 효능
한방에서는 뿌리를 단과회근(短果茴芹)이라 하여 약용하는데 지혈, 해열, 고혈압, 오한, 신경통, 당뇨병 등에 유효한 성분이 있다.

재배 환경
용기 재배
수경(양액) 재배
베란다 텃밭
노지(옥상) 텃밭

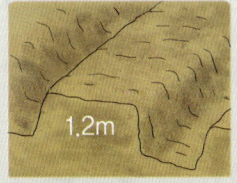

토양
부식질의 비옥하고 습한 토양에서 잘 자란다. 이랑 너비 1.2m. 하우스 재배 및 비닐 피복 재배 권장.

파종
3~4월에 종자를 일주일간 물에 불린 뒤 하우스에서 파종하거나 4~5월에 노지에 파종한다. 점뿌리기로 구멍당 3~4립을 파종한다.

모종
싹이 나면 포기나누기로 개체를 늘릴 수 있다. 재식 간격 10cm.

관리
하우스에서 재배할 경우 50% 차광한다. 수분은 스프레이로 빈번하게 관수하여 습도 있는 환경을 만든다.

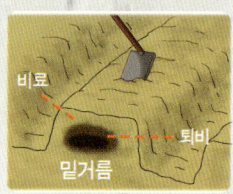

비료
밭두둑은 유기질 비료와 퇴비를 주고 만든다. 질소 비료를 많이 주면 웃자라면서 연한 잎을 수확할 수 없으므로 다른 작물에 비해 적게 준다.

수확
야생 참나물은 4~5월에 어린 줄기와 잎을 수확한다. 하우스 재배는 꽃이 피기 전의 어린 줄기와 잎을 연중 수확할 수 있다.

병충해 & 그 외 파종 정보
8월 말~9월에 채종한 종자를 종자:모래 1:3 비율로 혼합한 뒤 서늘한 장소에서 습도 60%의 축축한 상태로 보관한 뒤 이듬해 봄에 파종한다. 매일 수분을 주거나 또는 서늘한 장소에 습식 저장하면 된다.

참취 꽃

취나물 중에서 가장 맛있는
참취

국화과 여러해살이풀 *Aster scaber* 꽃 : 8~10월 높이 : 1.5m

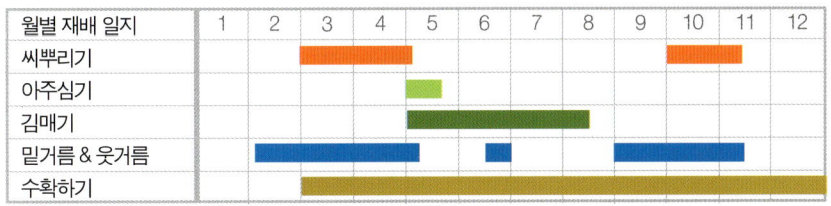

월별 재배 일지	1	2	3	4	5	6	7	8	9	10	11	12
씨뿌리기												
아주심기												
김매기												
밑거름 & 웃거름												
수확하기												

 취나물은 제사나 정월 대보름 때 또는 비빔밥으로 흔히 먹는 고급 나물이다. 요즘은 섬쑥부쟁이를 포함해 곰취, 참취, 개미취 등 '취' 자가 들어간 식물들을 취나물이라고 하지만 엄밀한 의미에서의 취나물은 참취 잎을 말하며 맛도 가장 좋다. 취나물 종류가 많아지자

참취 잎

참취 열매

취나물로 불리던 참취가 지금은 시장에서도 참취나물이라고 불린다. 참취나물은 다른 취나물에 비해 육질이 두터워 고소한 맛이 일품이다.

참취는 우리나라 전국의 산과 들판의 햇빛이 잘 들고 축축한 곳에서 자생한다. 땅속 뿌리에서 긴 잎자루가 달린 근생엽이 올라오고 줄기는 높이 1.5m로 자란다. 줄기는 전체적으로 거친 느낌이 든다.

줄기잎은 어긋나는데 잎자루에 있고 가장자리에 치아 모양 톱니가 있으며 양면에 털이 있다. 잎의 표면은 조금 거칠게 보이고 잎자루에는 날개가 있다. 잎이 거칠게 보이기 때문에 맛이 없어 보이지만 사실 취나물 중에서는 가장 맛있는 잎이고 나물 중에서도 최상급 나물에 속한다. 우리가 흔히 먹는 고급 비빔밥의 취나물은 참취의 잎을 묵나물로 만든 것을 말하고, 참취의 성숙한 잎과 가는 줄기는 천연 염색의 재료가 된다.

꽃은 8~10월에 산방꽃차례로 달리고 흰색 국화꽃 모양이다. 꽃잎은 혀꽃이고 중앙에는 노란색의 관상화가 있다. 열매는 수과이며 관모가 있고 11월에 결실을 맺는다.

금대봉의 참취

참취 싹

태백 고냉지의 참취 밭

이용 방법
생육 1년 뒤부터 꽃이 피기 전 10cm 내외로 자랐을 때 잎을 수확해 묵나물로 만든다. 묵나물을 데친 뒤 나물로 만들면 비빔밥 재료, 오곡밥, 제사 반찬으로 먹을 수 있다. 전초와 뿌리는 한방에서 약용한다.

약용 및 효능
전초를 동풍채(東風菜), 뿌리를 동풍채근(東風菜根)이라 하며 약용한다. 수시로 수확해 약용한다. 잎은 타박상과 독사에 물린 상처에 짓이겨 외용한다. 뿌리는 장염, 혈액순환, 타박상, 관절통, 통증에 효능이 있다. 10~15g을 달여 먹거나 외용한다.

재배 환경
용기 재배
수경(양액) 재배
베란다 텃밭
노지(옥상) 텃밭

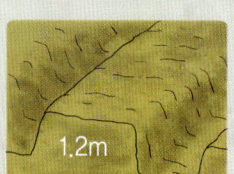
토양
부식질의 비옥하고 습한 토양에서 잘 자란다. 이랑 너비 1.2m. 하우스 재배 권장.

파종
3~4월에 2~3일간 물에 불린 후 1~2일 냉장한 뒤 묘판에 파종. 흙을 긁어서 얇게 덮어주고 볏짚으로 덮어서 보온 처리한다. 분주 번식은 4월 말, 또는 11월 말에 한다.

모종
모종을 노지에서 재배할 경우 5~6cm로 자랐을 때 본밭에 이식한다. 줄 간격 20cm, 포기 간격 10cm.

관리
잎이 4~6매일 때 김매기하고 장마 전과 장마 후 다시 김매기한다. 7월 이후 꽃대와 시든 줄기, 시든 잎은 수시로 제거한다.

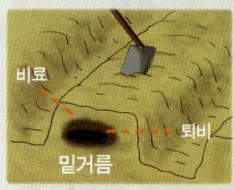

비료
파종 10~20일 전에 밭두둑을 유기질 비료와 퇴비를 주고 만든다.
웃거름은 6월 하순과 늦여름~가을에 듬뿍 준다.

수확
하우스 재배의 경우 1년차부터 10cm 자랐을 때 잎을 수확할 수 있다. 노지 재배의 경우 2년차부터 수시 수확하는데, 잎을 수확하면 다시 새 잎이 나온다.

병충해 & 그 외 파종 정보
종자, 꺾꽂이, 포기나누기로 번식할 수 있다. 종자는 10월경 열매가 바람에 날아가기 전 채취한 뒤 관모를 비벼 없애고 채종한다. 가을에 바로 직파해도 된다.

곰취 꽃

혈액 순환에 좋은
곰취

국화과 여러해살이풀   Ligularia fischeri   꽃 : 7~9월   높이 : 2m

월별 재배 일지	1	2	3	4	5	6	7	8	9	10	11	12
씨뿌리기			■	■						■		
김매기					■	■						
꽃대순자르기						■	■					
밑거름 & 웃거름			■	■		■	■					
수확하기				■	■	■	■	■	■	■	■	■

　우리나라와 러시아, 중국에서 자생하는 곰취는 주로 깊은 산 속이나 고지대의 습지, 계곡가에서 볼 수 있다. 곰취의 어린 잎은 쌈거리로, 성숙한 잎은 데친 뒤 나물로 무쳐먹는다. 쌈으로 먹기에는 곤달비가 더 맛있지만 곤달비는 묵 나물로 먹지 않기 때문에 사시사철

판매하려면 곰취를, 부가가치 소득을 높이려면 곤달비를 재배한다.

곰취는 이른 봄에 굵은 뿌리에서 뿌리잎이 올라온다. 뿌리잎은 손바닥보다 큰 심장형이며 잎자루가 길고 가장자리에 톱니가 있다. 흔히 곰취나물이라 불리는 것은 곰취의 어린 잎을 말하는 것으로 쌉싸레한 맛이 일품이다.

꽃대는 높이 1~2m로 자라는데 굵고 튼튼하기 때문에 흡사 작은 관목처럼 생겼다. 줄기에는 보통 3개의 잎이 달린다.

곰취의 꽃은 7~9월에 꽃대 끝에서 총상꽃차례로 달린다. 꽃의 크기는 5cm이고 설상화는 5~9개, 관상화는 20개 내외이다. 꽃차례의 길이는 꽃자루를 포함해 50~70cm 내외이다.

10월에 결실을 맺는 열매는 갈색의 관모가 발달해 바람에 날아간 뒤 번식한다. 곰취 역시 바람에 날리기 전 열매를 채취한 뒤 관모를 비벼서 종자를 채종해야 한다.

곰취 잎

이용 방법
곰취는 뿌리뿐 아니라 잎에도 좋은 성분이 함유되어 있다. 가급적 생것으로 섭취하되 성숙한 잎은 나물로 무쳐 먹는다.
야생 곰취는 독성 식물인 동의나물과 잎 모양이 거의 비슷하므로 야생에서 곰취 잎을 채취할 때는 동의나물인지 확인해야 한다. 해마다 봄철이면 동의나물을 곰취로 알고 식용하다가 사고를 당하는 등산객들이 상당히 많다.

약용 및 효능
곰취의 뿌리는 호로칠(胡蘆七)이라는 생약명으로 불린다. 혈액순환, 통증, 해수, 거담, 백일해, 요통 등에 효능이 있다. 여름~가을에 채취한 뒤 햇볕에 말리고 3~10g을 달여서 복용한다.

곰취 전초 / 곰취 열매

재배 환경
- 용기 재배
- 수경(양액) 재배
- 베란다 텃밭
- 노지(옥상) 텃밭

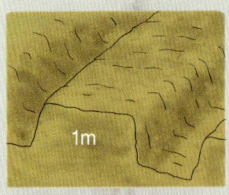

토양
부식질의 사질 양토에서 잘 자란다. 이랑 너비 1m. 서늘한 환경의 얼룩 그늘 밑이나 하우스 재배를 권장한다.

파종
물에 불린 후 냉장고에서 15일간 저장했다가 3~4월에 묘판에 파종한다. 흙을 긁어서 얇게 덮어준다.

모종
육묘한 모종을 5월경 본밭에 이식한다. 포기 간격 20cm.

관리
햇볕을 30~50% 차광하고, 수분은 촉촉하게 관수한다. 꽃대가 올라오면 바로 순지르기 한다.

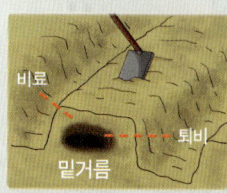

비료
파종 10~20일 전 밭두둑은 유기질 비료와 퇴비를 충분히 주고 만든다.
웃거름은 6월 하순과 7월 하순에 주되 듬뿍 준다.

수확
20일 간격으로 잎자루를 포함한 어린 잎을 수확하되 2~3매는 남기고 수확한다. 4~5년 뒤에는 생산량이 줄어듦으로 다시 씨앗을 뿌려야 한다.

병충해 & 그 외 파종 정보
9월 하순에 열매가 바람에 날아가기 전 채취한 뒤 종자를 채종한다. 가을에 채종한 종자를 바로 50~70% 차광한 온실에서 트레이에 파종해 봄까지 육묘할 수도 있다. 이듬해 파종하려면 건조 상태에서 상온~저온에 저장한다.

인제 남면의 자연 친화적으로 재배하는 곰취밭

오대산의 곰취밭

갯취 꽃

나물로 재배하면 좋은
갯취

국화과 여러해살이풀 *Ligularia taquetii*   꽃 : 6~7월 높이 : 1m

월별 재배 일지	1	2	3	4	5	6	7	8	9	10	11	12
씨뿌리기									▇	▇		
김매기				▇	▇	▇						
솎아내기				▇	▇	▇						
밑거름 & 웃거름				▇	▇	▇		▇	▇			
수확하기				▇	▇							

 갯취는 우리나라의 제주도와 거제도, 그리고 통영 등에서 자생하는 우리나라 특산종이다. 자생지 보호를 위해 특별 보호되고 있지만 취나물만큼 맛이 좋기 때문에 나물로 개발할 가치가 있어 보인다. 가식 가능한 부위는 꽃이 피기 전 20~50cm 길이의 잎인데, 물에 한

247

갯취 전초

두 번 데치면 쓴 맛이 없어지므로 나물로 무쳐먹거나 볶아먹을 수 있다.

갯취의 땅속 뿌리는 굵고 땅속 깊이 들어가 있다. 4월 초 전후에 잎이 올라온 뒤 4월 중순이면 20~50cm로 자라고 꽃대가 올라오기 시작하고 꽃대는 6월경 1m 내외로 자란다.

갯취 잎은 딱 이만한 크기이면 식용이 가능하다.

어긋난 잎은 한창때는 잎자루를 포함 길이 50cm로 자란다.

6~7월에 꽃대 끝에서 황색 꽃이 머리 모양 꽃차례로 달리는데 곰취 꽃과 비슷하지만 꽃차례의 모양은 곰취에 비해 아름답다.

열매는 원뿔 모양이고 털이 없으며 관모는 붉은 빛을 띤다. 통상 9월경에 열매를 채취하면 종자를 얻을 수 있다.

갯취의 자생지는 제주도의 오름과 거제도, 통영시의 바닷가 인근이다. 특성상 양지바르고 다소 축축한 환경을 좋아하지만 얼룩 그늘 아래에서도 양호한 성장을 보인다. 생존력이 왕성해 잡초가 무성해도 쓰러지지 않고 잘 자란다. 단, 자생지가 고립된 환경에서 계속 자가 번식으로 생존해 왔기 때문에 종자 결실이 어려운 편이다. 거제시와 제주도 두 지역에서 종자를 받아온 뒤 한 장소에서 파종하면 꽃이 핀 후 결실을 잘 맺을 것으로 보인다.

이용 방법
꽃이 피기 전 길이 20~30cm의 잎을 수확한 뒤 물에 한두 번 데치면서 우려낸 뒤 참기름에 양념과 소금간을 하여 볶으면 참취나물보다는 못하지만 꽤 맛있는 나물이 된다. 참고로 갯취는 잎이 두텁기 때문에 생채로는 먹지 못한다.

약용 및 효능
알려진 약용 및 효능이 없다.

재배 환경
용기 재배
수경(양액) 재배
베란다 텃밭
노지(옥상) 텃밭

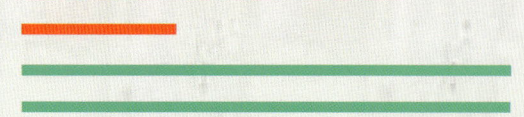

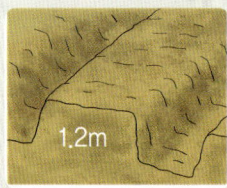
토양
비옥한 사질 양토에서 잘 자란다. 이랑 너비 1.2m.

파종
9월에 채종한 종자를 바로 직파하면 이듬해 봄에 싹이 올라온다. 또는 3월에 포기나누기로 번식한다.

모종
잎의 길이가 20~50cm이므로 재식 간격은 50~70cm가 좋다.

관리
수분은 다소 촉촉하게 관수한다. 뿌리 근처에서 올라온 싹은 포기나누기로 이식할 수 있다.

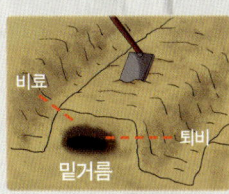

비료
파종 1개월 전 유기질 비료와 퇴비 등을 주고 밭두둑을 만든다. 상황을 보아가며 웃거름을 두둑히 주면 번식이 잘 된다.

수확
재배 2년차부터 매년 봄에 뿌리 부근에서 여러 싹이 올라오므로 꽃이 피기 전에 잎을 수확해 나물로 먹는다. 묵나물로 만드는 방법도 생각해 볼 만하다.

병충해 & 그 외 파종 정보
갯취는 자생지가 보호되고 있으므로 인터넷 갯취 재배 농장에서 종자 또는 모종을 구입해 심는다. 일단 발아를 하면 그 이듬해부터 뿌리 부근에서 많은 싹이 올라와서 저절로 번식되므로 포기나누기 번식이 가능하다.

고려엉겅퀴 꽃

곤드레나물로 유명한
고려엉겅퀴

국화과 여러해살이풀 Cirsium setidens 꽃 : 7~10월 높이 : 1m

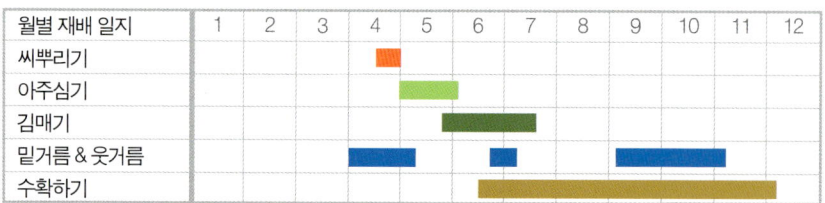

월별 재배 일지	1	2	3	4	5	6	7	8	9	10	11	12
씨뿌리기				■								
아주심기					■							
김매기						■■						
밑거름 & 웃거름					■		■		■■			
수확하기						■■■■■■■■						

　강원도 정선의 별미 곤드레나물 밥은 고려엉겅퀴의 어린 잎을 묵나물로 만든 뒤, 밥을 지을 때 넣어 지은 밥으로 유명하다. 이렇게 만든 곤드레나물 밥은 따끈할 때 간장과 참기름을 넣어 비벼먹는데 그 맛이 담백하고 일품이다. 인기에 힘입어 요즘은 한식 뷔페에서도 곤

고려엉겅퀴 열매

드레나물 밥이 올라온다.

우리나라 특산 식물인 고려엉겅퀴는 꽃의 모양이 엉겅퀴와 비슷하지만 잎 모양은 참취 잎과 비슷하다.

땅속에서 올라온 줄기는 높이 1m로 자라고 상단에서 잔가지가 많이 갈라진다.

잎은 어긋나며 달걀형~타원상 피침형이고 잎자루가 있다. 잎자루는 줄기 상단으로 갈수록 점점 없어진다. 잎의 표면에는 약간의 털이 있고 뒷면은 흰빛을 띤다. 잎의 가장자리에는 바늘 같은 톱니가 있거나 밋밋하다.

꽃은 7~8월에 피는데 줄기 끝이나 가지 끝에서 엉겅퀴와 비슷한 자주색 꽃이 1송이씩 달린다. 꽃의 색상은 자주색이고 길이는 1.5cm 내외이다.

고려엉겅퀴는 깊은 산기슭이나 골짜기, 등산로 주변에서 자생하는데 흉년이 들면 쌀과 함께 끓여 비빔밥으로 먹거나 된장국으로 끓여 먹었다.

고려엉겅퀴

고려엉겅퀴 뿌리

고려엉겅퀴 뿌리잎

고려엉겅퀴 잎

이용 방법
5~6월에 어린 잎을 수확해 묵나물로 만든 뒤 밥을 지을 때 물에 풀어 함께 밥을 짓는다. 된장국에 넣거나 장아찌를 만든다.

약용 및 효능
우리나라 특산 식물이기 때문에 한방에서 약초로 사용한 기록이 발견되지 않고 있다. 최근 연구에 의하면 식물체에 노화방지와 간에 좋은 유효 성분이 함유된 것으로 밝혀졌다.

재배 환경
용기 재배
수경(양액) 재배
베란다 텃밭
노지(옥상) 텃밭

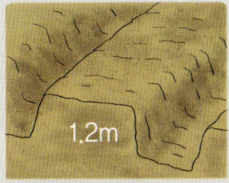
토양
비옥한 사질 양토에서 잘 자란다. 이랑 너비 1.2m. 하우스 재배 권장. 노지 재배 시 비닐 피복 재배 권장.

파종
봄 파종은 4월 중순에 묘판에 파종한다.

모종
5월 중순 본밭에 이식한다. 열 간격 30~40cm, 포기 간격 20~30cm.

관리
하우스 재배의 경우 햇볕을 30~50% 차단하고 여름에 하우스 옆의 비닐을 제거해 통풍을 원활히 한다. 노지 재배의 경우 김매기를 한다.

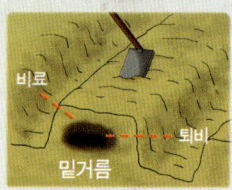

비료
파종 1개월 전에 유기질 비료와 퇴비 등을 주고 밭두둑을 만든다. 수확 후와 가을에 웃거름을 듬뿍 준다.

수확
6월 상순 전후 20~30cm로 자랐을 때 줄기를 2마디 정도 남기고 수확하되 연 2회 수확한다. 3년차 후 생산량이 줄어듦으로 다시 씨앗을 뿌린다.

병충해 & 그 외 파종 정보
고려엉겅퀴의 종자는 9월 중하순에서 채종하여 음건한 뒤 저장했다가 파종 70일 전 냉장고에서 습기가 있는 상태로 보관한 뒤 봄에 파종한다. 6월 상순 이후 잎을 수확하되 수확한 잎은 데친 뒤 묵나물로 만들어 냉동 저장한다.

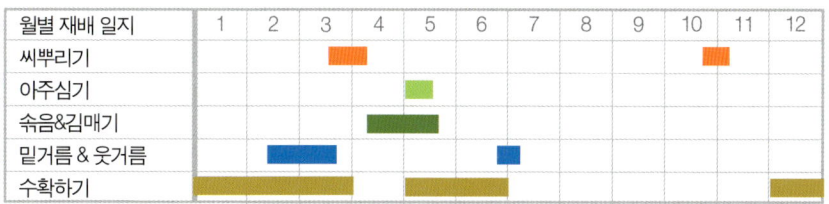

섬쑥부쟁이 꽃

쫑취나물로 불리는
섬쑥부쟁이(울릉도취나물, 섬취나물)

국화과 여러해살이풀 Aster glehni 꽃 : 8~9월 높이 : 1~1.5m

월별 재배 일지	1	2	3	4	5	6	7	8	9	10	11	12
씨뿌리기				■						■		
아주심기					■							
솎음&김매기				■	■							
밑거름 & 웃거름			■	■			■					
수확하기	■	■	■			■	■				■	■

　울릉도에서 자생하는 섬쑥부쟁이는 흔히 '쫑취나물', '섬취나물', '부지갱이나물' 이라고 알려져 있는 가정 주부들이 좋아하는 나물이다. 최근 들어 동네 시장에서도 흔히 볼 수 있을 정도로 재배 농가가 많다. 쓴맛이 적을 뿐 아니라 나물 맛도 좋기 때문에 주부들의 인기

섬쑥부쟁이 전초

를 독차지하고 있다.

 섬쑥부쟁이는 땅속 뿌리에서 뿌리잎이 올라온 뒤 줄기가 높이 1~1.5m로 자란다. 뿌리잎은 꽃이 필 때쯤이면 쓰러지고 줄기잎은 어긋난다. 잎의 양면에는 잔털이 드물게 있고 잎의 가장자리에 불규칙한 톱니가 있다.

 참취 꽃과 닮은 꽃은 8~9월에 개화하고 편평꽃차례로 무더기로 달린다.

 열매는 수과이고 관모가 있으며 9~10월에 결실을 맺는다.

 섬쑥부쟁이의 외형은 전체적으로 까실쑥부쟁이와 비슷하지만 까실쑥부쟁이는 잎이 전체적으로 까실하므로 이 점으로 구별할 수 있다.

 섬쑥부쟁이는 일반 취나물에 비해 쓴맛이 덜하기 때문에 조리가 용이한데 주로 시금치 무치듯 무친다.

섬쑥부쟁이 잎

섬쑥부쟁이 어린 싹

이용 방법

어린 잎을 데친 뒤 나물로 무쳐먹으면 시금치 나물과 유사하다. 산나물이 아닌 야생 채소의 하나로 취급해도 무방해 보인다.
12월~3월 또는 5~6월에 어린 잎을 수확하는데 지상부를 5~6cm만 남기고 수확한다.

약용 및 효능

소염 및 천식에 효능이 있다. 섬쑥부쟁이에 대한 영양 성분 연구는 우리나라에서 활발하게 진행되고 있는데 최근 연구에 의하면 노화방지, 항염, 미백, 비만 예방에 유효한 성분이 함유된 것으로 밝혀졌다.

섬쑥부쟁이 모종   섬쑥부쟁이 군락

재배 환경

- 용기 재배
- 수경(양액) 재배
- 베란다 텃밭
- 노지(옥상) 텃밭

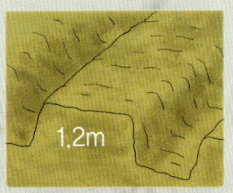

토양

부식질 사질 양토나 양토에서 잘 자란다. 이랑 너비 1.2m.

파종
10월 말~11월 초에 종자를 채취한 뒤 2일 정도 물에 담갔다가 묘판에 파종하고, 이듬해 봄까지 육묘한 뒤 노지 또는 하우스에서 재배한다.

모종
모종 이식은 5월 중순에 이식한다. 모종의 재식 간격은 10~15cm로 한다.

관리
4월 중순과 5월 중순 전후에 솎아내기와 김매기를 하면서 재식 간격을 10~15cm로 하기도 한다. 노지 재배도 햇빛을 50% 차광하면 생산량이 많아진다.

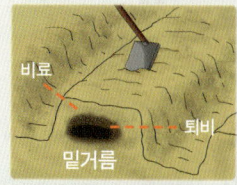

비료
파종 1개월 전에 유기질 비료와 퇴비 등을 주고 밭두둑을 만든다. 웃거름은 6월 하순에 듬뿍 주고 상태를 보아가며 1회 더 준다.

수확
5~6월과 12~3월에 수확한 뒤 생채로 판매한다. 5~6월에 수확한 것은 건채로 만들어 판매하기도 한다. 4~5년간 수확한 뒤에는 돌려짓기로 밭을 새로 만든다.

병충해 & 그 외 파종 정보
종자 또는 포기나누기로 번식한다. 종자는 꽃이 핀 50일 뒤인 10월 말 전후에 채종한다. 섬쑥부쟁이와 비슷한 일반 쑥부쟁이, 개미취도 어린 잎을 식용할 수 있지만 맛이 없기 때문에 떨이로 팔아도 안 팔린다.

씀바귀 꽃

항암 유효 성분이 있는
씀바귀

국화과 여러해살이풀 Ixeris dentata 꽃 : 5~7월 높이 : 20~30cm

월별 재배 일지	1	2	3	4	5	6	7	8	9	10	11	12
씨뿌리기							■					
김매기									■	■		
솎아내기								■	■			
밑거름 & 웃거름						■			■			
수확하기	■	■	■	■	■						■	■

　　꽃잎 수가 5~7개인 씀바귀는 우리나라와 일본에서 자생하는데 우리나라의 경우 농촌의 높은 산 등산로 초입에서 흔히 볼 수 있다. 도시 공원 풀밭에서 흔히 볼 수 있는 씀바귀는 꽃잎 수가 23~27개인 '노랑선씀바귀'이다. 흰색 꽃이 피되 꽃잎 수가 7~8개이면 '흰씀바

씀바귀 잎

귀', 흰색꽃이 피되 꽃잎 수가 23~27개이면 '선씀바귀'이다. 일반적으로 이들 전부는 뿌리를 포함한 전초를 식용 및 약용할 수 있다.

씀바귀는 땅속 뿌리에서 뿌리잎이 올라온 뒤 높이 20~30cm로 긴 꽃대가 올라온다. 줄기는 서고 백색 유즙이 있어 쓴맛이 난다.

뿌리잎은 거꿀피침형~도피침형 장타원형이고 가장자리에 치아 모양 톱니가 있거나 결각이 있고 줄기잎은 2~3개 내외, 피침형~장타원형 피침형이고 하단부가 귀 모양으로 줄기를 감싼다.

5~7월에 피는 꽃은 노란색이고 줄기 끝에서 산방꽃차례로 달린다. 꽃잎의 수는 5~7개이다.

종자는 7~8월에 결실을 맺고 관모가 있다.

씀바귀와 유사종이지만 키가 1m 이상 자라는 식물로는 경기도 지역에서 더러 자생하는 '왕씀배'와 깊은 산 숲속에서 자생하는 '산씀바귀', 깊은 산에서 자생하는 '두메고들빼기'가 있다. 이들 식물들은 대게 1m 이상으로 줄기가 자라는데 꽃 모양은 씀바귀와 거의 비슷하다.

노랑선씀바귀

씀바귀 열매

씀바귀 뿌리잎

이용 방법
키 작은 씀바귀 종류 중에서 씀바귀, 선씀바귀, 노랑선씀바귀 등의 뿌리와 잎을 나물로 먹거나 약용한다. 쓴맛이 강하기 때문에 여러 번 데치면서 우려낸 후 고추장으로 무쳐 먹는다. 봄철에 씀바귀를 먹으면 춘곤증을 몰아낼 수 있다.

선씀바귀 꽃

약용 및 효능
씀바귀, 선씀바귀, 노랑선씀바귀 등의 뿌리와 잎을 산고매 또는 고채(苦菜)라 부르며 약용한다. 이른 봄에 수확한 전초를 잘 말린 뒤 사용한다. 잎과 뿌리 둘 다 노화방지, 항암, 당뇨병, 심장에 좋은 유효 성분이 함유되어 있다. 또한 열병, 해독, 폐렴, 황달, 요로결석, 설사 및 각종 알레르기에 효능이 있다.

노랑선씀바귀 꽃

재배 환경
용기 재배
수경(양액) 재배
베란다 텃밭
노지(옥상) 텃밭

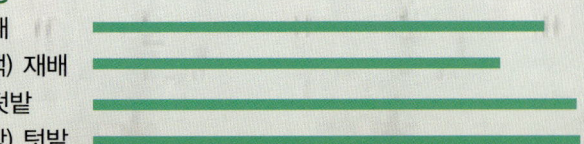

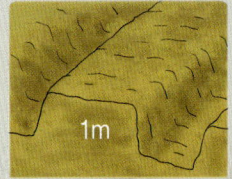
토양
비옥토를 좋아한다. 이랑 너비 1m. 하우스 및 비닐 피복 재배 권장.

파종
종자를 물에 6시간 이상 불린 뒤 냉장고에 20일 보관한다. 7월 말에 3배의 톱밥과 섞어 파종한다. 흩어뿌림으로 파종하며, 흙을 긁어 살짝 덮고 볏짚을 덮는다.

모종
싹이 올라오고 잎이 몇장 붙으면 솎아내면서 줄 간격 20cm, 포기 간격 10cm로 만든다.

관리
파종 직후에는 다소 촉촉하게 관수하고 그 후 보통으로 관수한다. 잡초가 보이면 김매기를 한다.

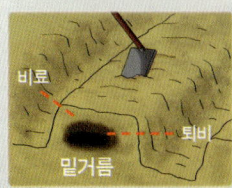

비료
7월 파종 20~30일 전에 유기질 비료와 퇴비 등을 주고 밭두둑을 만든다. 웃거름은 9월에 준다.

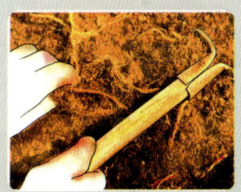

수확
11월~5월에 수확하되 꽃대가 올라오기 전에 수확한다.

전주의 벌씀바귀

병충해 & 그 외 파종 정보
씀바귀 종자는 7월 초 전후에 열매가 갈색일 때 채종하거나 종묘상에서 구입한다. 씀바귀는 분주 번식 및 종근으로도 재배할 수 있다.

태안의 좀씀바귀

각흘산의 산씀바귀

삼척의 갯씀바귀

함백산의 두메고들빼기

머위 꽃

어혈에 좋은
머위(머우대, 봉두채)

국화과 여러해살이풀 Petasites japonicus 꽃 : 3~4월 높이 : 50cm

월별 재배 일지	1	2	3	4	5	6	7	8	9	10	11	12
씨뿌리기				■					■			
아주심기					■							
김매기					■	■	■					
밑거름 & 웃거름				■				■				
수확하기			■	■	■	■	■	■	■	■	■	■

   남부 지방과 울릉도, 제주도에서 자생하는 머위는 가정 주부들이 '머우대'라고 부르는 나물이다. 겨울잠에서 깨어난 곰이 체력을 보충하기 위해 가장 먼저 캐먹는다는 원기 회복 산나물이다. 가정에서는 잎을 데친 뒤 된장이나 고추장으로 무쳐먹고 머우대는 머우대 나

머위 어린 잎

머위 꽃과 잎

물로 무쳐먹는데, 쌉싸래한 맛이 일품이다.

머위의 꽃은 이른 3~4월에 잎보다 먼저 덩어리 형태로 솟아오른 뒤 자잘한 흰색 꽃을 개화한다. 꽃의 모양은 매우 이색적인 2가화 방식인데 백색의 암꽃이 먼저 자라고 그 뒤에 황백색의 수꽃이 자란다.

뿌리에서 올라온 잎은 꽃이 한참 개화하고 있을 때 돋아나면서 점점 크게 자라기 시작한다. 여름이 되면 잎의 크기는 아이 얼굴만하고, 잎자루의 길이는 대략 60cm가 된다. 잎의 모양은 콩팥형이고 가장자리에 불규칙한 톱니가 있다.

5~6월에 결실을 맺는 열매는 수과로서 원통형이고 관모가 있다.

우리나라를 비롯해 일본 등에서 볼 수 있는 머위의 유사종은 '털머위', '개머위', '물머위', '무늬털머위' 등이 있다.

머위

이용 방법
머위 잎과 잎자루는 나물로 식용한다. 된장에 버무리거나 살짝 데친 뒤 쌈으로 먹고 장아찌를 담글 수 있다. 꽃은 튀김으로 먹거나 된장 장아찌로 담근다.

약용 및 효능
머위의 뿌리를 봉두채라고 부르며 약용한다. 봄~가을에 뿌리를 수확한 뒤 햇볕에 건조시킨다. 어혈, 기침, 가래, 해독, 종기, 편도선염에 10~15g을 달여 먹는다.

머위 줄기

머위 싹

재배 환경
용기 재배
수경(양액) 재배
베란다 텃밭
노지(옥상) 텃밭

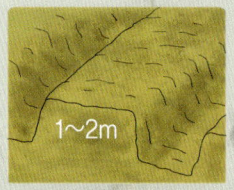
토양
비옥하고 축축한 토양을 좋아한다. 이랑 너비 1~2m. 하우스 및 비닐 피복 재배 권장.

파종
3월 말~4월, 9월에 뿌리줄기(종근)를 캐어 싹이 1~3개 있는 부분을 15cm 길이로 자른 뒤 싹이 흙 밖으로 돌출되게 심는다.

모종
이식할 경우 4~5월에 이식한다. 포기 간격은 25~40cm가 좋다. 머위는 종자 번식이 되지만 근삽이 잘 되기 때문에 보통 종근 번식한다.

관리
여름에 햇볕을 30% 차광한다. 물은 적당히 수분이 유지되도록 관수한다.
잡초가 보이면 김매기를 한다.

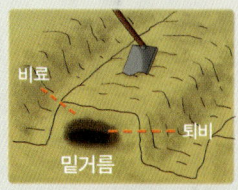

비료
파종 1개월 전에 유기질 비료와 퇴비 등을 주고 밭두둑을 만든다. 매년 2회 3월 하순과 7월 하순에 웃거름을 주되 듬뿍 준다.

수확
머위 잎은 1년생도 수확하지만 보통 2년생부터 수확한다. 4월부터 연간 2~3회 수확한다. 잎 판매용과 줄기 판매용을 나누어 수확한다.

병충해 & 그 외 파종 정보
머위 종근은 인터넷 머위 농장에서 구입한다. 번식력이 왕성하기 때문에 종근 몇 뿌리만 준비해도 이듬해에 밭이 넘칠 정도로 번식한다.

독활 꽃

땅에서 나는 두릅
독활 & 땅두릅

두릅나무과 여러해살이풀 *Aralia cordata* 꽃 : 7~8월 높이 : 2m

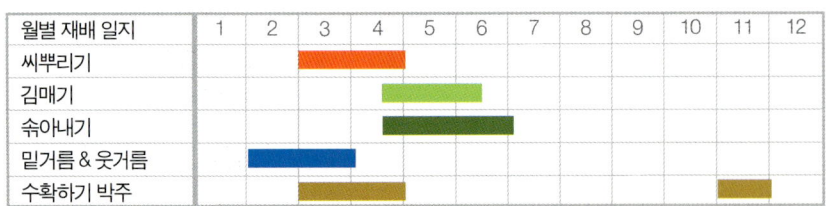

월별 재배 일지	1	2	3	4	5	6	7	8	9	10	11	12
씨뿌리기												
김매기												
솎아내기												
밑거름 & 웃거름												
수확하기 박주												

   독활(獨活)은 '땃두릅' 혹은 '땅두릅'이라고도 불리며 어린 순을 두릅나무의 새순처럼 나물로 먹는다. 두릅나무는 나무줄기에서 올라온 새순을 먹지만, 독활은 땅에서 올라온 새순을 먹는다는 점이 다르다. 재배할 경우 '땅두릅' 품종을 재배하지만 독활의 새순도 땅

독활 열매

두릅 새순처럼 먹을 수 있다.

  독활은 바람에 흔들리지 않는다는 뜻에서 붙은 이름이며 높이 2~3m 내외로 자라고 언뜻 보면 작은 나무처럼 자란다.

  줄기와 잎에는 잔털이 있으며 잎은 어긋나는데 홀수2회깃꼴겹잎이고 가장자리에 톱니가 있다. 잎 모양은 전체적으로 두릅나무 잎과 비슷하기 때문에 구별하기 힘들지만 잎자루 주변에 날카로운 가시가 있으면 두릅나무이다.

  꽃은 7~8월에 잎겨드랑 또는 줄기에서 원추꽃차례로 달린 뒤 끝부분에서 산형꽃차례로 달린다. 꽃의 색상은 연녹색~흰색이다.

  열매는 장과이며 9~10월에 결실을 맺는다.

  독활의 가식 부위는 이른 봄 땅에서 올라오는 어린 순이기 때문에 땅에서 올라오는 두릅이라는 뜻에서 땅두릅이라고 하는데 '땅두릅'이란 식물이 따로 있다. 독활은 울릉도에서 주로 자생하는 품종이고, 땅두릅은 전국에서 자생한다. 나물용은 대개 쉽게 구할 수 있는 땅두릅 씨앗으로 재배한다. 둘 다 새 순을 식용할 수 있고, 뿌리는 둘 다 독활이라는 생약명으로 약용한다.

독활 전초

독활 새순

독활 잎

독활 텃밭

이용 방법
이른 봄에 캔 독활의 새순은 두릅처럼 살짝 데친 뒤 고추장으로 무치거나 초고추장에 찍어 먹는다. 그 맛이 연하고 향긋하며 레몬 향처럼 알싸해 입맛을 자극한다.

약용 및 효능
독활 및 땅두릅의 뿌리를 가을~봄에 수확한 뒤 햇볕에 건조시킨다. 이뇨, 소염, 근육통, 하반신마비, 두통, 편두통, 관절통, 오한, 혈압, 종기에 효능이 있다. 6~12g을 달여서 복용한다.

재배 환경
용기 재배
수경(양액) 재배
베란다 텃밭
노지(옥상) 텃밭

※ 위 재배 환경은 새순 수확용이며 뿌리 수확용으로는 적합하지 않다.

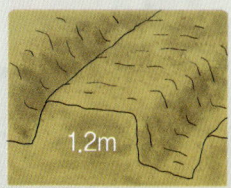
토양
부식질의 비옥토를 좋아한다. 고랭지 재배 권장. 하우스 재배 권장. 이랑 너비 0.9~1.2m.

파종
3~4월에 줄뿌림으로 파종하고 볏집을 덮어두면 2~3주 뒤에 발아한다. 3~4월에 한 포기를 3~4개 포기로 나누어 심어도 된다.

모종
필요한 경우 본잎이 2~3매일 때 이식한다. 포기 간격은 40cm로 한다.

관리
이식하지 않은 경우 본잎이 2~3매일 때 솎아내어 줄 간격을 40~50cm로 만든다. 뿌리를 키울 경우 7월경에 꽃대를 순지른다.

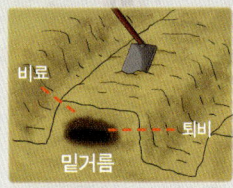

비료
파종 1개월 전 유기질 비료와 퇴비 등을 듬뿍 주고 밭 두둑을 만든다. 웃거름을 주면 웃자라서 상품 가치가 떨어지므로 필요한 경우에 준다. 뿌리를 키울 경우 웃거름을 준다.

수확
2년생부터 3~4월 기간 중 새순을 3~4회 수확한다. 새순이 10cm 정도일 때 땅속 3~5cm 부분을 잘라 수확한다. 연간 8~10회 수확할 수 있다.

병충해 & 그 외 파종 정보
가을에 채취한 종자 중에서 물에 가라앉는 종자를 이듬해 봄에 파종한다. 파종 때까지 냉장 보관 또는 가매장하는 방법으로 저장한다. 처음 재배하면 봄에 종근을 구입해 3~4개로 포기를 나누어 번식하는 것이 좋다. 약용용 뿌리는 4년 이상 키운 뿌리를 수확하되 10~11월에 수확하여 세척한 뒤 음건하고 이때 약용에 적합하지 않은 뿌리는 번식용으로 사용한다.

양하 꽃

향이 독특한 별미
양하

생강과 여러해살이풀 Zingiber mioga 꽃 : 8~10월 높이 : 1m

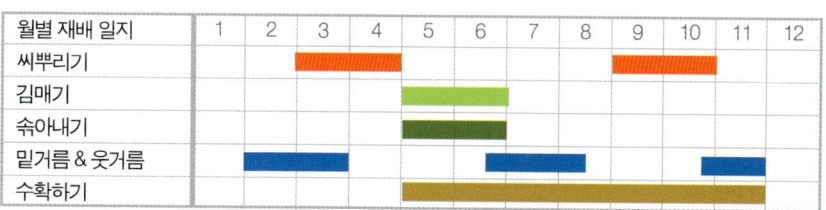

월별 재배 일지	1	2	3	4	5	6	7	8	9	10	11	12
씨뿌리기												
김매기												
솎아내기												
밑거름 & 웃거름												
수확하기												

    중국, 일본의 열대 지역의 축축한 계곡가에서 자생한다. 우리나라에서는 남부 지방의 사찰 부근과 제주도에서 식재하였지만 서울에서도 양호한 성장을 보인다. 품종에 따라 여름에 개화하는 품종과 늦가을에 개화하는 품종이 있는데 수확이 목적이라면 늦가을에 개

양하 전초

화하는 만생종 품종이 좋다. 잎과 줄기를 포함한 양하의 생김새는 생강과 비슷하므로 생강을 1m 크기로 키운 것이라고 생각하면 된다.

양하의 땅속줄기는 옆으로 기고 비늘잎이 있다. 줄기는 없고 그 대신 잎자루가 긴 잎이 여러 가닥 올라오면서 1m 내외로 자란다. 잎은 어긋나고 길이 20~35cm, 폭 3~6cm이므로 생강 잎보다 5~10배 정도 크다.

꽃은 8~10월에 개화하는데 땅속 뿌리에서 바로 올라온 뒤 높이 5~15cm로 자란다. 꽃의 지름은 5cm이고 포 안에서 닭벼슬처럼 개화를 했다가 당일 사라지고 포만 남는다.

10월이면 열매가 저절로 벌어지면서 빨간색 과육에 흡사 오징어 눈알처럼 생긴 씨앗에 돌출되는데 국내에서는 드물게 열매가 열린다. 오징어 눈알처럼 생긴 씨앗에서 검정색이 씨앗이고 흰색은 헛종피이다.

양하는 Zingiber mioga 'Dancing Crane' 등의 다양한 원예 품종이 있으므로 약용 및 식용으로 재배하려면 원종을 재배하는 것이 좋다.

양하 싹

양하 어린 잎

이용 방법

양하의 싹과 꽃을 식용한다. 싹은 질긴 껍질을 벗긴 뒤 물에 데쳐서 죽순처럼 무쳐 먹거나 절임으로 먹는다. 우리나라에서는 제주도에서 양하 음식이 남아 있고 최근엔 대형 마트에서 제철 양하를 판매하기도 한다. 특유의 향이 있어 별미로 취급한다.

약용 및 효능

최근 연구에 의하면 양하의 뿌리에 항암 성분이 있는 것으로 밝혀졌다. 뿌리는 가을에 채취한 뒤 양건한다. 혈액순환, 거담, 기침, 해수, 해독, 월경불순, 백일해, 부종, 복부가스, 허리통에 효능이 있고 당뇨병 환자에 좋다. 헌 피부에는 외용한다.

양하 텃밭

재배 환경

- 용기 재배
- 수경(양액) 재배
- 베란다 텃밭
- 노지(옥상) 텃밭

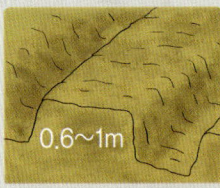

토양

비옥하고 다소 서늘한 환경을 좋아한다. 저지대에서는 생육이 어려우므로 고랭지에서의 재배를 권장한다. 이랑 너비 0.6~1m.

파종

9~10월, 3~4월에 한 포기를 2~4개로 분주해 10cm 깊이로 식재한 뒤 8cm로 흙을 쌓고 볏짚을 덮으면 1개월 뒤 새싹이 올라온다. 종근으로 심어도 된다.

모종
줄 간격 60cm, 포기 간격은 30cm로 한다.
양하의 종자 번식은 20도 온도에서 발아한다.

관리
저지대에서 식재한 경우 차광막을 설치한다. 새 싹이 올라온 뒤 잡초가 보이면 김매기를 한다.

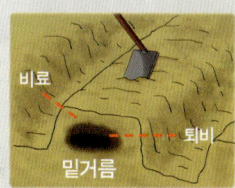

비료
파종 20~30일 전에 유기질 비료와 퇴비 등을 듬뿍 주고 밭두둑을 만든다.
웃거름은 6~7월에 주고, 겨울이 오기 전 11월에 웃거름을 듬뿍 주면 이듬해 생산량이 많아진다.

수확
2년차부터 수확. 조생종은 6~7월에 꽃봉우리 또는 싹이 달걀보다 작은 크기일 때 수확한다. 수학 시기가 늦으면 껍질이 두껍고, 빠르면 연하지만 수확량이 적다. 어린 줄기도 수확한다.

병충해 & 그 외 파종 정보
양하밭은 3~4년마다 새로 심어서 밭을 갱신한다. 품종(조생종, 중생종, 만생종)에 따라 심는 시기와 수확 시기가 다르다. 일반적으로 조생종은 6~7월에 뿌리 부근에서 꽃봉우리(꽃이 개화하기 전 상태)가 발생하고 만생종은 9~11월에 발생하는데 만생종이 꽃봉우리 수확량이 제일 많다.

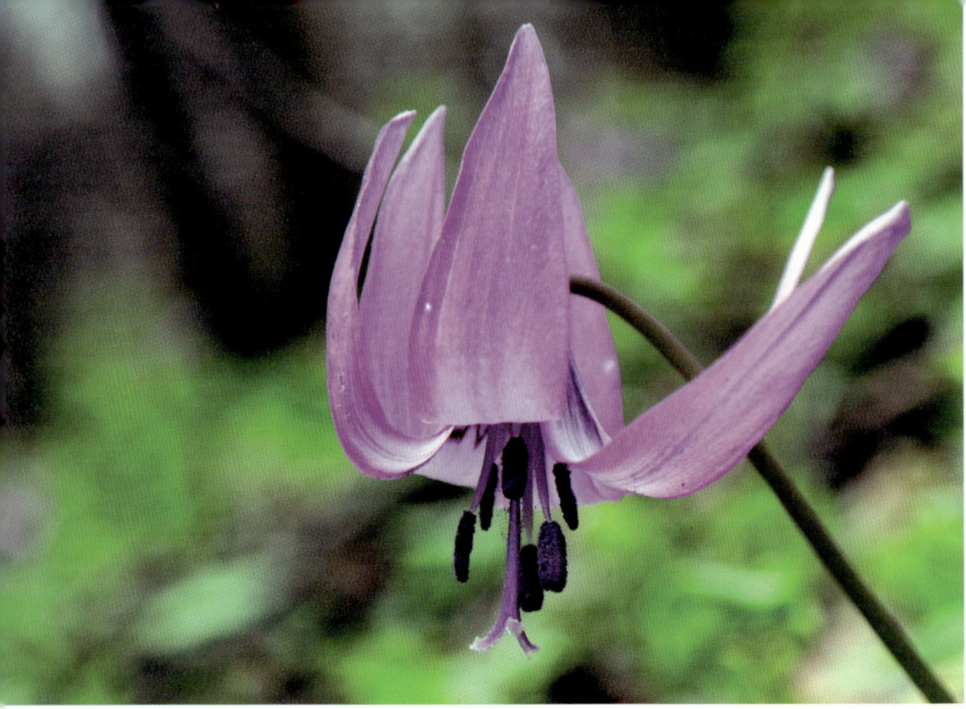

광덕산 얼레지 꽃

미역국 대용으로 먹었다는

얼레지

백합과 여러해살이풀 Erythronium japonicum 꽃 : 4월 높이 : 10~25cm

월별 재배 일지	1	2	3	4	5	6	7	8	9	10	11	12
씨뿌리기					■	■	■	■	■	■		
김매기					■	■						
솎아내기					■	■						
밑거름 & 웃거름			■	■	■	■	■	■	■			
수확하기				■	■					■	■	

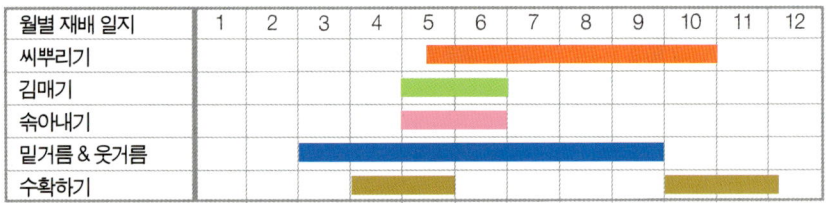

얼레지는 가재무릇(가짜무릇)이라고도 불리는 키 작은 식물이다. 우리나라의 깊은 산 능선의 비탈길에서 흔히 자생한다. 비옥한 땅을 좋아하기 때문에 3월 말~4월 중순에 얼레지를 찾아보려면 나무 밑 낙엽이 쌓여 있는 곳을 살펴봐야 하는데 주로 활엽수 밑의 얼룩 그

늘 밑에서 볼 수 있다.

얼레지의 땅속 뿌리는 비늘줄기 형태이다. 이른 봄이면 뿌리 잎이 2장 돋아나고 곧이어 꽃대가 10~25cm 높이로 올라온다. 잎의 크기는 10cm 안팎이고 폭은 2.5~5cm, 긴 타원형이다. 잎의 가장자리에는 톱니가 없고 표면에 알록달록한 자주색 무늬가 있다.

3월 말~4월에 개화하는 꽃은 보라색이고 꽃대까지 포함해 약 25cm 높이이다. 꽃대마다 1송이의 꽃이 달리고 꽃잎은 6개, 안쪽에 W자형 무늬가 있고 수술은 6개, 암술은 1개이다.

열매는 4월부터 가을 사이에 볼 수 있는데 둥근 호두알 형태이고 3개의 능선이 있다.

얼레지는 이쁘장한 꽃 때문에 남획이 심하지만 농촌의 높은 산 능선에서 지금도 많은 개체수가 자라고 있다. 일본에서는 멸종 위기종이지만 국내에서는 화천 광덕산 6~7부 능선쯤에 대규모 자생지가 있다.

광덕산 얼레지

얼레지 잎

얼레지 뿌리

이용 방법

민간에서는 얼레지의 뿌리를 약용한다.
이른 봄에 채취한 잎은 3번 정도 충분히 우려낸 후 된장국으로 끓이는데 흡사 미역국 비슷한 식감이 있다.
일본의 민간에서는 뿌리를 감자 녹말 대용으로 만들어 빵이나 과자의 점도를 높일 목적으로 섞어서 사용한다.

화악산의 얼레지

약용 및 효능

봄~여름에 얼레지의 뿌리를 채취하여 햇볕에 말린 뒤 위장염, 구토, 하리에 사용하고 피부발진, 화상에는 외용한다. 독성이 있으므로 소량 복용한다.

재배 환경

용기 재배
수경(양액) 재배
베란다 텃밭
노지(옥상) 텃밭

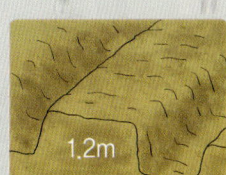

토양

부식질의 비옥하고 습한 토양에서 잘 자란다. 이랑은 너비 1~1.2m로 만들고 15cm 간격으로 줄을 내어 식재한다.

파종

5~6월에 채종한 종자를 바로 파종하면 이듬해 봄 또는 몇 년 뒤 싹이 올라온다. 차가운 장소에 보관했다가 9~10월에 파종하는 경우도 있다.

모종
종자 번식은 몇 년의 시간이 필요하므로 옮겨심기도 한다. 뿌리가 깊기 때문에 옮겨심을 때 뿌리 부근의 흙까지 옮겨야 한다. 재식 간격 15cm.

관리
활엽수 밑의 얼룩 그늘에서 재배한다. 온실에서 키울 경우 그늘 쪽에서 재배한다.

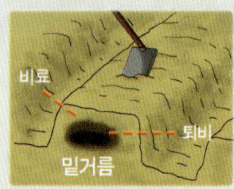

비료
밭두둑은 유기질 비료와 퇴비를 주고 만든다.
웃거름은 조금씩 수시로 주되 3~5월에는 충분히 준다.

수확
2~3년생까지는 그대로 두고 3~4년생부터 봄에 잎을 수확한다. 뿌리는 봄~여름에 수확한다.

병충해 & 그 외 파종 정보
얼레지는 5월 말이면 지상부가 말라죽으면서 휴면기에 들어간다. 처음 5~6년은 매년 봄 잎사귀만 올라오고, 꽃이 피는 얼레지는 사실 5~7년 생육한 것들이다. 얼레지는 7~10년 생존하는 것으로 알려져 있다.

어수리 꽃

고혈압, 각종 통증에 좋은
어수리(단모우방풍 短毛牛防風)

산형과 여러해살이풀   *Heracleum moellendorffii*   꽃 : 7~8월   높이 : 1.5m

월별 재배 일지	1	2	3	4	5	6	7	8	9	10	11	12
씨뿌리기			■	■					■	■	■	
김매기					■	■						
솎아내기						■	■					
밑거름 & 웃거름			■	■								
수확하기					■	■			■	■	■	

우리나라는 물론 중국, 일본 등지에서 자생하는 어수리는 산과 들판의 조금 축축한 곳과 개울가, 하천변에서 볼 수 있다. 잎은 엉성하게 갈라져 있고 꽃잎은 굽은 V자형이기 때문에 잎과 꽃을 보면 누구나 손쉽게 알아볼 수 있다. 봄에 올라오는 어린 잎을 나물로 섭취하

어수리 전초

면 나름대로 맛이 괜찮지만 어린 잎이 뽀얀 털이 많아 식용 가능한 잎으로는 여겨지지 않는다.

국내의 경우 어수리 잎을 판매하기 위해 재배하는 농가가 거의 없지만 중국에서는 어수리를 '노산근(老山芹)'이라는 건강 채소로 판매하기 위해 대규모로 재배하는 회사가 생겨나고 있다.

어수리의 줄기는 높이 1.5m 내외로 자라고 줄기 속은 비어 있다.

어긋난 잎은 3~5개의 작은 잎으로 된 깃꼴겹잎인데 상단 잎은 깊게 어수룩한 모양으로 갈라진다. 잎의 가장자리에는 불규칙한 톱니가 있다.

어수리의 꽃은 7~8월에 복산형꽃차례로 달리는데 꽃잎이 낫처럼 굽은 V자 모양이다.

어수리 잎

이 정도 크기까지 나물로 섭취 가능한 어수리 싹

어수리 열매

열매는 8~9월에 성숙하는데 다소 납작한 달걀 모양이다.

어수리는 도시 근교의 높은 산 등산로는 물론 깊은 산 고지대의 축축한 곳에서 흔히 자라기 때문에 종자 채종이 다른 약초에 비해 용이하다.

이용 방법
이른 봄에 올라오는 뽀얀 털의 어수리 어린 잎을 나물로 무쳐먹는다. 어수리는 종자 번식 및 포기나누기로 번식할 수 있다. 종자는 적기에 채종하는 것이 어렵기 때문에 포기나누기로 번식하는 것도 좋다. 포기나누기는 4월 초중순에 뿌리에 싹을 붙여서 여러 개로 나눈 뒤 싹을 위로 해서 노지에 심는다.

약용 및 효능
여름~가을에 뿌리와 지상부를 모두 수확한 뒤 세척한 다음 건조시킨다. 고혈압, 사지마비, 종기, 염증, 관절염, 허리통, 두통, 치통, 대하, 피부건조, 단독, 성홍열에 효능이 있다.

재배 환경
용기 재배
수경(양액) 재배
베란다 텃밭
노지(옥상) 텃밭

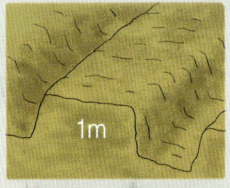
토양
부식질의 비옥한 토양에서 잘 자란다. 이랑 너비 1m. 어린 잎 수확이 목적인 경우 하우스 재배를 권장한다.

파종
8월 말~9월 초에 종자를 채종하고 그보다 늦게 채종하면 발아되지 않는다. 가을~초겨울에 하우스 또는 노지에 파종한 뒤 볏짚을 덮어두면 이듬해 봄에 발아한다.

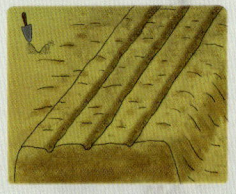
모종
어린 잎 수확이 목적인 경우 재식 간격 20cm. 약용 수확이 목적인 경우 재식 간격 30~40cm.

관리
하우스 재배시 약간 차광을 하면 잎의 수확량을 높일 수 있다.

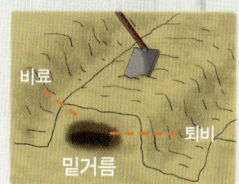

비료
밭두둑은 유기질 비료와 퇴비를 충분히 주고 만든다.

수확
어린 잎을 수확해 나물로 먹는다. 판매용 시장은 활성화되지 않았지만 대형 마트 시장을 노릴 만하다. 뿌리와 전초는 2년차 여름~가을에 수확한다.

오대산의 어수리

병충해 & 그 외 파종 정보
종자를 저온 처리 후 물에 7일간 침전한 뒤 파종하면 발아된다. 하우스에서의 발아 적정 온도는 15~20도, 재배 적정 온도는 18~22도, 영상 5도 이하에서는 휴면기에 접어든다. 이듬해 3월 중순~4월 중순에 노지 파종하려면 종자를 젖은 모래와 섞어 냉장고에 4개월 이상 저온 저장 후 흐르는 물에 7일간 침전한 뒤 파종한다.

고수 꽃

향미 채소로 인기 있는
고수

산형과 한해살이풀   *Coriandrum sativum*   꽃 : 6~7월   높이 : 30~60cm

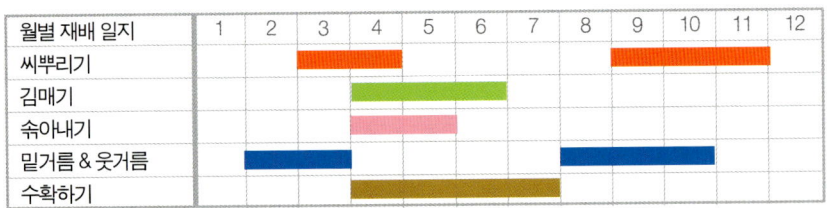

월별 재배 일지	1	2	3	4	5	6	7	8	9	10	11	12
씨뿌리기												
김매기												
솎아내기												
밑거름 & 웃거름												
수확하기												

　고수는 카레의 핵심 원료인 코리안더를 말한다. 자생지는 남유럽, 북아프리카, 남서아시아 일대이다. 우리나라에는 고려 시대에 도입된 뒤 사찰 인근에서 재배했다가 지금은 경상도 지방에서 고수 김치 등의 요리로 명맥을 이어오고 있다. 한국 사람에겐 마늘 냄새가 난

고수 잎

다는 이야기가 있듯, 동남 아시아 사람들 역시 특유의 채취가 있는데 이는 십중팔구 고수를 즐겨 먹기 때문으로 보인다.

카레나 베트남식 국수, 중국 요리, 독일 소세지 등에서 사용하는 고수는 독특한 향이 있는 향미 채소이다. 냄새는 고약하지만 생채로 먹을 때 레몬과 비슷한 상큼함이 있다.

고수의 땅속 뿌리는 얇고 줄기는 높이 30~60cm로 자란다. 어린 잎은 넓적한 구절초 잎과 비슷하지만 줄기잎은 가느다란 모양으로 갈라진다. 잎에서는 빈대 냄새와 비슷한 고약한 냄새가 난다.

꽃은 6~7월에 줄기와 가지 끝에서 우산 모양 꽃차례로 달린다. 꽃잎과 수술은 5개인데 꽃잎의 모양이 특이하기 때문에 꽃을 보면 쉽게 이 식물을 알아볼 수 있다.

7~8월에 결실을 맺는 열매는 둥근 모양이고 10여 개의 능선이 있다.

우리나라에서는 이른 봄이면 고수 싹을 대형 마트나 농산물 시장에서 상품으로 출하한다.

고수 전초

이용 방법
이른 봄에는 고수 싹을 쌈채로 수확한 뒤 출하한다. 고수 쌈채는 식욕을 자극하는 효능이 있다. 태국에서는 잎보다 뿌리를 요리에 많이 사용한다.
약용 목적일 경우 뿌리를 포함한 전초는 봄에 수확한 뒤 햇볕에 말린다. 종자는 가을에 수확한 뒤 햇볕에 말린다.

약용 및 효능
위를 보(補)하고 이질, 설사에 효능이 있다.
종자는 약용하거나 분말로 만든 뒤 카레, 육류 요리의 향신료로 사용한다.

고수 싹

재배 환경
용기 재배
수경(양액) 재배
베란다 텃밭
노지(옥상) 텃밭

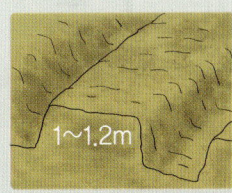
토양
남부 지방에서 재배하되 파종 시기를 조절하면 중부 지방에서 재배할 수 있다. 토양을 가리지 않지만 비옥토가 더 좋다. 이랑 너비 1~1.2m.

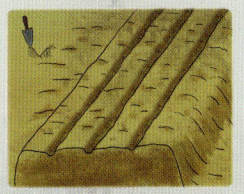
파종
파종 후 흙을 1.5cm로 덮어준다. 고수는 9~11월에 파종하는 것이 더 생산량도 많다. 파종 후 2~3주 뒤 발아한다.

모종
이식을 싫어하므로 파종할 때 재식 간격을 30~40cm로 한다. 노지 파종은 4월, 하우스 파종은 3월에 한다.

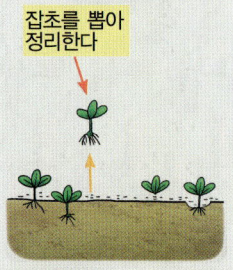

관리
잡초가 보이면 제때 김매기를 한다.

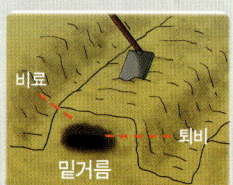

비료
파종 20~30일 전에 유기질 비료와 퇴비 등을 주고 밭두둑을 만든다.

수확
봄에 파종한 경우 15cm 자랐을 때부터 뿌리채 수확하고 여름까지 수확할 수 있다. 수확한 뒤 계속 연작할 수 있다

병충해 & 그 외 파종 정보
고수를 파종하려면 종자를 하루 정도 물에 침전한 뒤 파종한다. 겨울에 파종하려면 40도 온수에 3시간 침전한 뒤 파종한다. 가정에서 수경 재배나 화분으로 재배할 경우 12~26도 온도를 유지하면 잘 자란다. 고수는 양토에서 재배 관리를 잘 하면 5년 정도 수확할 수 있다.

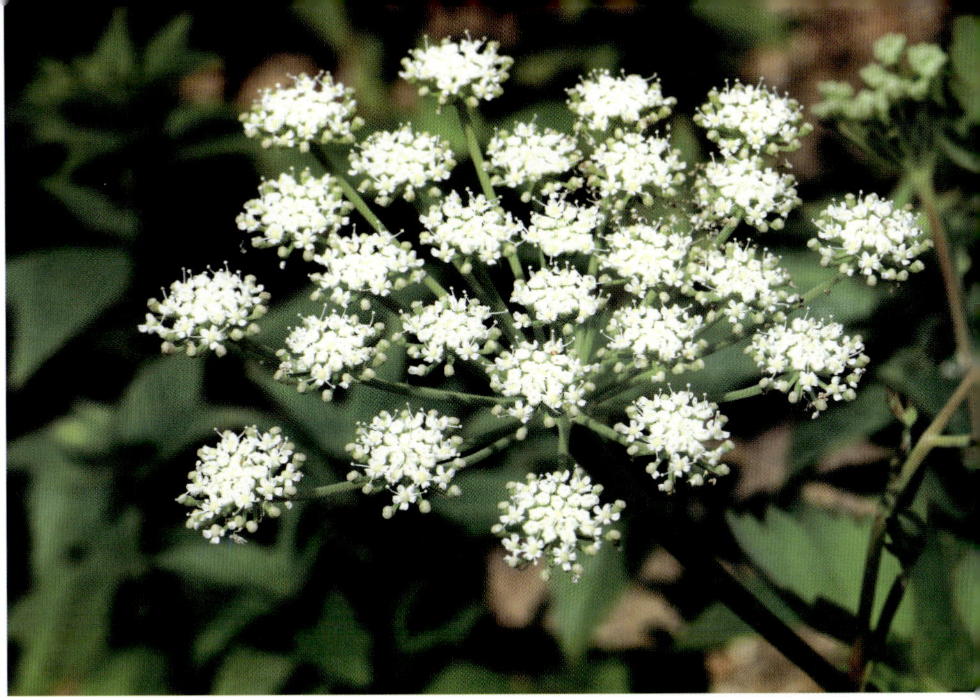

갯기름나물 꽃

감기에 특히 좋은

갯기름나물(방풍나물, 빈해전호)

산형과 세해살이풀　Peucedanum japonicum　꽃 : 6~8월　높이 : 1m

월별 재배 일지	1	2	3	4	5	6	7	8	9	10	11	12
씨뿌리기			■	■						■	■	
김매기				■	■	■						
솎아내기				■	■	■						
밑거름 & 웃거름		■	■		■				■			
수확하기			■	■							■	

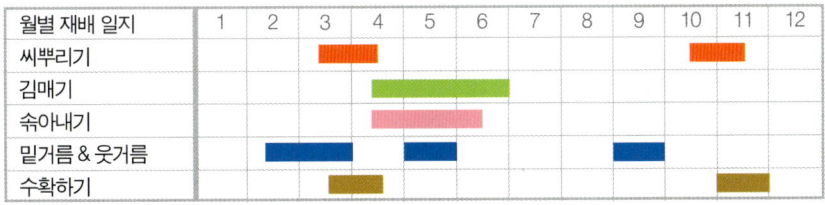

갯기름나물은 우리나라 남부 지방과 울릉도, 중국, 대만, 필리핀, 일본의 바닷가 부근에서 자생한다. 흔히 식방풍 또는 산방풍이라는 생약명으로 알려졌지만 정식 생약명은 빈해전호이다. 그러므로 약용을 할 때는 빈해전호에 준해 약용하는 것이 좋다. 국내에서는 봄

갯기름나물 텃밭

철에 방풍나물이란 이름으로 시장에 출하되어 봄 미각을 돋우는 데 일조하는 나물이다.

갯기름나물의 줄기는 높이 60~100cm로 자란다.

어긋난 잎은 2~3회3출엽하고 작은 잎은 가장자리가 엉성하게 갈라지고 갈라진 부분에 치아 모양 톱니가 있다.

꽃은 6~8월에 가지 끝과 줄기 끝에서 겹우산 모양 꽃차례로 개화한다. 꽃차례는 10~20개의 소산경으로 갈라지고 소산경마다 20~30개의 자잘한 꽃이 달린다. 꽃잎은 5개, 수술도 5개이다.

열매는 8~9월에 결실을 맺는데 타원형이고 잔털이 있다.

갯기름나물의 유사종은 '기름나물', '가는기름나물', '산기름나물', '두메기름나물', '백운기름나물', '털기름나물', '왜방풍', '갯방풍' '방풍' 등이 있는데 이중 '방풍'은 중국에서 자생하는 유명한 약재이다. 방풍과 갯기름나물은 약효가 전혀 다르므로 갯기름나물의 뿌리를 방풍으로 오인하고 복용하는 것은 피해야 한다.

갯기름나물 싹

갯기름나물 잎

갯기름나물 전초

두메기름나물

왜방풍

갯방풍 산기름나물

이용 방법
봄에 전초를 수확해 방풍나물이란 이름으로 출하한다. 열매는 술을 담가먹는다. 뿌리는 약용 목적으로 수확하되 재배 2년차 가을에 수확하여 햇볕에 건조시킨 후 약용한다.

약용 및 효능
흔히 방풍으로 오인하고 관절통 약으로 사용하는데 정확하게는 빈해전호에 준해 약용해야 한다. 빈해전호는 해열, 이뇨, 감기, 통증에 효능이 있고 특히 감기에 좋다. 9~15g을 달여 복용한다.

재배 환경
용기 재배
수경(양액) 재배
베란다 텃밭
노지(옥상) 텃밭

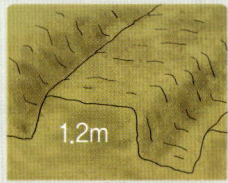
토양
비옥토에서 잘 자란다. 남부 지방은 노지 재배, 중부 지방은 하우스로 재배한다. 이랑 너비 1.2m. 비닐 피복 재배 권장.

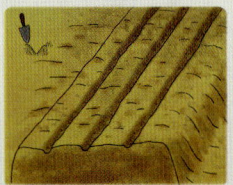
파종
가을에 종자를 채취해 10월 하순 전후에 직파. 또는 노천 매장했다가 이듬해 4월 초순 전후에 파종한다. 줄뿌림으로 파종하고 흙을 1cm 높이로 덮는다. 10일 뒤 발아.

모종
묘판에 파종한 경우에는 이듬해 4월 초순 전후에 싹이 5~10cm로 자랐을 때 본밭에 이식한다.
줄 간격 45cm, 포기 간격 30cm.

관리
대략 10cm 이상 자랐을 때 김매기와 솎아내기를 한다.

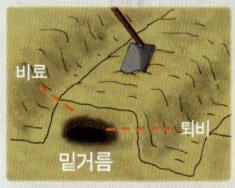

비료
파종 1개월 전에 유기질 비료와 퇴비 등을 주고 밭두둑을 만든다.
웃거름은 매년 5월과 9월에 준다.

수확
나물 수확은 4월 전후에 수확한 뒤 시장에 방풍나물로 출하한다. 약용 수확은 재배 2년차 11월 초순 전후에 수확한다.

덕우기름나물

털기름나물

병충해 & 그 외 파종 정보
갯기름나물은 하우스로 재배한 뒤 매년 봄에 방풍나물로 출하하는 것이 더 소득이 높다.

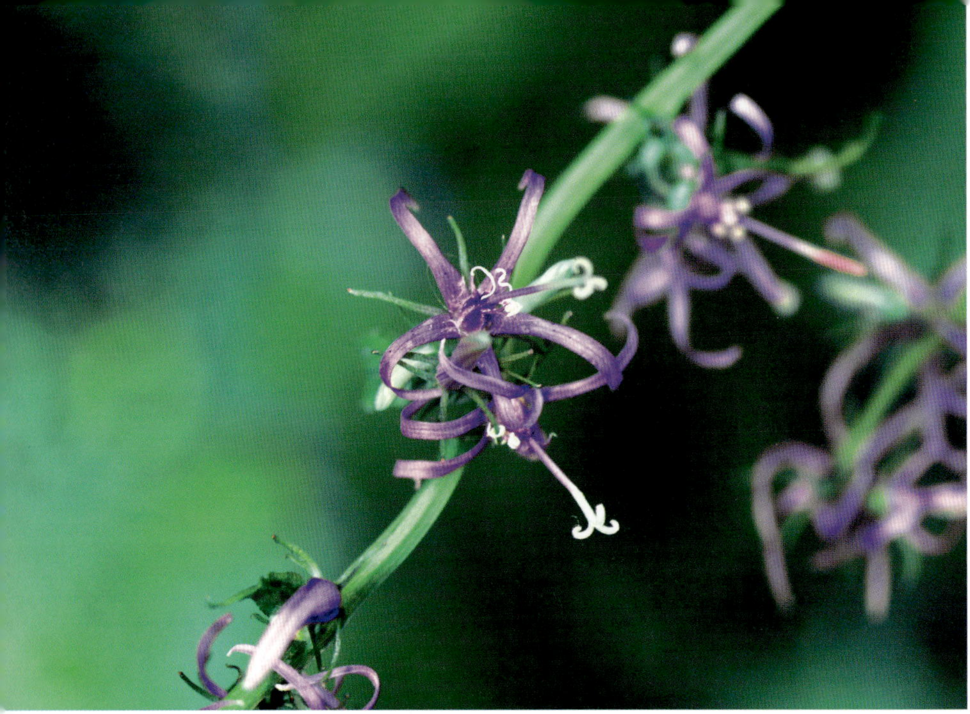

영아자 꽃

미나리싹이라고 불리는

영아자

초롱꽃과 여러해살이풀　Phyteuma japonicum　꽃 : 7~9월　높이 : 0.5~1m

월별 재배 일지	1	2	3	4	5	6	7	8	9	10	11	12
씨뿌리기			■							■		
김매기				■	■	■						
솎아내기					■	■						
밑거름 & 웃거름		■							■	■	■	
수확하기					■	■						

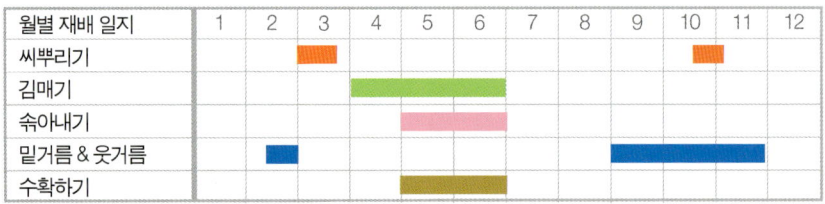

우리나라와 만주, 시베리아, 러시아 등에서 자생하는 영아자는 우리나라 전국의 깊은 산이나 산지 풀밭, 양지바른 곳은 물론 얼룩 그늘 아래의 풀밭에서 흔히 자생하는 식물이다. 이른 봄에는 잎자루를 포함한 어린 잎을 영아자나물이라고 하며 산나물로 판매를 한다. 영

아자나물은 생채로 먹으면 맛이 없지만 장아찌를 만들면 그럭저럭 먹을 만하다. 고소득을 올릴 수 있는 나물은 아니지만 산촌 관광지에서는 일반 나물의 두 배 값에 팔린다.

영아자는 이른 봄에 땅속 뿌리에서 뿌리잎이 먼저 올라온 뒤 줄기가 0.5~1m 내외로 자라는데 바람이 불면 줄기가 덩굴처럼 땅을 기게 된다.

어긋난 잎은 달걀 모양~긴타원형이고 잎자루에 짧은 날개가 있다. 잎 가장자리에는 불규칙한

영아자 전초

톱니가 있다. 봄에 올라오는 영아자의 뿌리잎은 산촌 관광지에서 흔히 '미나리싹' 또는 '미나리나물'이라는 이름으로 출하한다.

7~9월에 피는 꽃은 자주색이고 총상꽃차례로 핀다. 꽃받침은 선형이고 꽃잎은 5개로 깊게 갈라진 뒤 뒤로 말린다. 암술머리는 3개로 갈라진다.

9~10월에 성숙하는 열매는 납작한 공 모양이고 세로줄이 있다.

영아자의 뿌리는 땅속에서 옆으로 뻗으며 번식을 한다.

영아자 잎

영아자 뿌리잎

광치고개의 영아자 밭

이용 방법
봄에 뿌리잎이 길게 올라오면 수확한 뒤 미나리싹 나물로 판매한다. 뿌리는 날것으로 먹거나 데쳐서 먹는다.

약용 및 효능
민간에서는 영아자의 뿌리를 기침, 천식, 기를 보하는 약으로 사용한다.

재배 환경
용기 재배
수경(양액) 재배
베란다 텃밭
노지(옥상) 텃밭

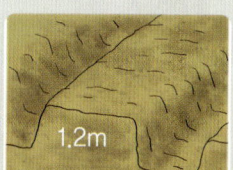
토양
비옥한 사질 토양에서 잘 자란다. 하우스 재배 권장. 이랑 너비 1.2m

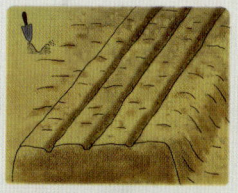
파종
가을에 채종한 종자를 10월 하순에 직파. 또는 냉장 보관한 뒤 이듬해 3월 초~중순에 모래 및 톱밥과 섞어 흩어뿌림으로 파종 후 얇게 복토하면 2개월 뒤 발아한다.

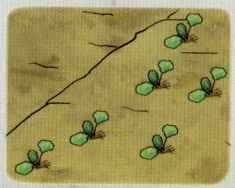
모종
하우스에서 재배할 경우 재식 간격을 20cm로 한다. 필요한 경우 이식하는데 본잎이 2~3매일 때 이식한다.

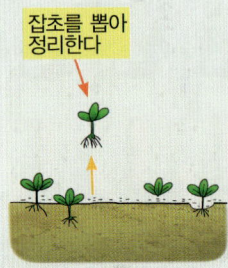

관리
파종 10~20일 전 유기질 비료와 퇴비 등을 주고 밭두둑을 만든다.
가울에 지상부가 말라 죽으면 웃거름을 준다.

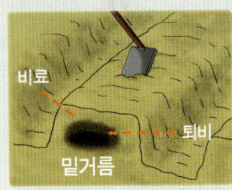

비료
밭두둑은 유기질 비료를 충분히 주고 만든다.
연 1~2회 웃거름을 공급해 비옥도를 적당하게 유지해 준다.

수확
5~6월에 뿌리잎이 적합하게 자라면 수확한 뒤 시장에 출하한다. 꽃대가 올라오기 전까지 부드러운 잎을 수확해 출하한다.

병충해 & 그 외 파종 정보
영아자는 일단 발아를 하면 3~4년간 수확할 수 있다. 잡초가 자라면 영아자의 생육이 불량해지므로 잡초가 보이면 즉시 뽑아낸다. 가뭄에 약하므로 여름철 갈수기에는 물을 적합하게 공급한다.

소엽 꽃

노화 예방, 식중독, 기침에 좋은
소엽(차즈기)

꿀풀과 한해살이풀 *Perilla frutescens* 꽃 : 8~9월 높이 : 80cm

월별 재배 일지	1	2	3	4	5	6	7	8	9	10	11	12
씨뿌리기				▬						▬		
아주심기					▬							
김매기					▬	▬						
밑거름 & 웃거름					▬	▬	▬	▬	▬	▬		
수확하기						▬	▬	▬	▬	▬		

　소엽(蘇葉)은 중국 원산의 약용 식물로 식중독에 효능이 높은 약초이다. 흔히 '차즈기' 또는 '차조기'라는 명칭으로도 알려져 있다. 우리나라에서는 산나물로 먹지 않지만 일본에서는 소엽을 이용한 음식이 발달한 편이다. 일종의 식용 색소 비슷하게 각종 요리의 빛깔

소엽 잎

을 내는 데 사용한다. 잎의 모양은 자주색이고 생김새는 좁은 들깨 잎처럼 생겼기 때문에 쉽게 알아볼 수 있다.

소엽은 땅속 뿌리에서 잎과 함께 줄기가 올라온 뒤 줄기는 높이 80cm 내외로 자란다. 줄기는 네모지고 자줏빛이 돈다.

마주난 잎은 긴 잎자루가 있고 달걀 모양이며 양면에 털이 있고 잎 가장자리에 톱니가 있다. 잎의 생김새는 들깨잎과 닮았다. 잎이 초록색인 경우 청소엽(for. viridis)이라고 한다.

8~9월에 피는 꽃은 연자주색이고 총상꽃차례로 달린다. 꽃받침은 끝부분이 7개로 갈라진다.

9월에 결실을 맺는 열매는 분과이고 들깨 열매와 비슷하다.

어린 잎이 꼬불꼬불한 홍소엽(Perilla frutescens var. crispa)을 참소엽이라고 부르기도 하는데 이는 잘못된 것이다. 일반 소엽이 참소엽이자 오랫동안 약용해온 소엽이고, 잎이 꼬불꼬불한 홍소엽은 일본에서 우메보시 용으로 보급된 변종 소엽이다. 홍소엽은 잎 뒷면도 자색이기 때문에 안토시아닌 색소를 소엽에 비해 더 많이 함유한 것으로 보인다.

소엽 전초

소엽 열매

이용 방법
소엽의 잎은 깻잎처럼 고기를 싸먹을 수 있다. 특유의 향기가 있다. 일본에서는 소엽 잎으로 우메보시(매실 요리의 하나)의 색상을 내거나 줄기를 깎아 생선회의 향신료로 사용한다. 소엽의 잎을 말린 뒤 차로 우려먹는데 이를 자소엽차라고 한다. 해독, 강장, 향균, 노화예방, 소화에 좋다.

약용 및 효능
소엽 잎은 자소엽(紫蘇葉), 뿌리는 소두(蘇頭), 종자는 자소자(紫蘇子)라고 부르며 약용한다. 해독, 감기, 풍한, 해수, 거담, 현기증, 발한, 콧물, 코막힘, 통증, 건위, 이뇨, 빈혈, 소화, 노화예방, 두통, 불면증, 천식, 변비에 효능이 있다. 생즙은 생선 식중독에 특히 효능이 있다.
소엽과 홍소엽은 동일 약재로 볼 수 없으나 중국이나 일본은 동일 약재로 취급한다. 외관을 보면 홍소엽에 항산화 유효 성분이 더 많이 함유되어 있다.

소엽 텃밭

재배 환경
- 용기 재배
- 수경(양액) 재배
- 베란다 텃밭
- 노지(옥상) 텃밭

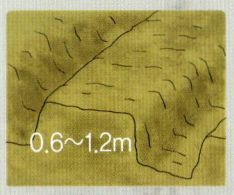

0.6~1.2m

토양
비옥한 사질 양토에서 잘 자란다. 텃밭 주변에 들깨처럼 울타리 삼아 심는 것이 좋다. 하우스 재배 권장. 이랑 너비 0.6~1.2m.

파종
하우스 파종은 3월 말~4월 중순에 한다. 파종 전 물에 24시간 불린 뒤 점뿌리기나 줄뿌림으로 파종하고 얇게 복토한다. 추파는 10월에 한다. 보통 1개월간 육묘한다.

모종
줄 간격은 50cm, 포기 간격은 30cm가 좋다. 하우스에서 육묘한 모종을 본잎이 4~5매일 때 노지 이식한다.

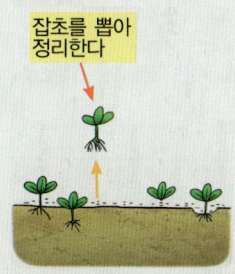

관리
본잎이 4~5매일 때 솎아내기를 하고 잡초가 보이면 김매기를 한다.

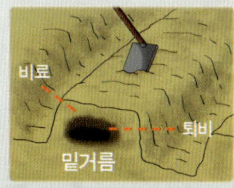

비료
파종 20~30일 전 유기질 비료와 퇴비 등을 주고 밭두둑을 만들되 밑거름을 조금 부족하게 준다. 웃거름은 상태를 보아가며 2~3회 시비한다.

수확
요리용 수확인 경우 잎이 10매 이상 붙었을 때부터 어린 잎 위주로 수확한다. 약용 수확은 9월 상순에 잎을, 열매를 포함한 지상부는 가을에, 뿌리는 11월에 수확한다.

병충해 & 그 외 파종 정보
소엽 종자의 발아 온도는 20~23도 내외이고 생육 온도는 25도 내외이다. 소엽은 한해살이풀이므로 자연 발아를 시키려면 가을에 모두 수확하지 않고 종자 결실이 되도록 뛰엄뛰엄 남기고 수확한다.

덩굴 및 수생 약용 식물 작물

05

마 암꽃

자양 강장에 좋은
마 & 참마

마과 덩굴성여러해살이풀 *Dioscorea batatus* 꽃 : 6~7월 흰색 길이 : 2~3.5m

월별 재배 일지	1	2	3	4	5	6	7	8	9	10	11	12
씨뿌리기				■						■		
아주심기					■							
김매기					■	■						
밑거름 & 웃거름				■	■	■	■	■	■			
수확하기										■	■	

　　마는 우리나라 제주도와 중국, 일본에서 자생하는 덩굴 식물이다. 마는 약용 작물로 보급되면서 지금은 야산에서도 더러 볼 수 있다. 참마(Dioscorea japonica)는 전국의 산지에서 자생하며 흔히 '산마'라고 불린다. 한방에서는 마와 참마(산마)의 뿌리를 동일 약재로 취

마 열매가 생기는 모습

급한다. 단풍마, 도꼬로마 등은 각기 다른 약재이다.

마는 땅속 원주형 뿌리에서 줄기가 3.5m 길이로 올라온 뒤 덩굴처럼 나무를 기어오르거나 땅을 긴다.

잎은 잎자루가 있고 잎겨드랑이에 둥근 모양의 주아(珠芽, 살눈)가 돋아난다. 마의 잎은 마주나거나 돌려나고, 산마의 잎은 마주나거나 어긋난다.

꽃은 6~7월에 잎겨드랑이에서 이삭꽃차례로 달린다. 수꽃은 위를 향해 달리고, 일반적으로 깨알 같은 둥근 꽃이 낙지 빨판처럼 달려 있다가, 나중에 꽃잎이 벌어진다. 암꽃은 밑을 향해 달리는데 꽃 밑 부분에 3실의 씨방이 있고 이

마 잎

마 전초

것이 점점 성장하면서 열매가 된다.

마의 열매는 10월에 갈색으로 결실을 맺는다. 열매는 둥근 모양이지만 3개의 날개가 있어 프로펠러처럼 보인다.

이용 방법
뿌리는 9~10월에 캐어서 생식하거나 햇볕에 말려 약용한다. 줄기는 11~12월에 수확해 햇볕에 말린 뒤 약으로 사용한다. 살눈은 9~10월에, 열매는 8~10월에 채취해 약용한다.

마 텃밭

약용 및 효능
원주형 뿌리를 흔히 '마'라고 하며 한방에서는 산약(山藥)이라고 한다. 싱싱한 뿌리는 즙을 내어 마시거나 다른 음료와 섞어서 마신다. 햇볕에 건조시킨 것은 약으로 달여 먹는다. 위장과 비장을 보하고 강장, 지사, 정력, 두통, 숙취, 변비, 설사, 신장염, 소화불량, 염증, 원기회복에 좋다. 건망증과 당뇨를 예방하는 유효 성분이 함유되어 있다. 마는 전초를 약용할 수 있되 부위별로 약용 및 효능이 다르다. 마의 살눈은 정력증진 약으로 좋고 열매는 이명 약으로 좋다.

재배 환경
용기 재배
수경(양액) 재배
베란다 텃밭
노지(옥상) 텃밭

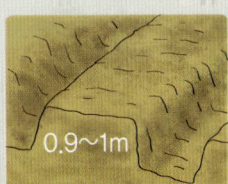
토양
비옥한 사질 양토에서 잘 자란다. 남부 지방은 노지 재배 가능. 이랑 너비 0.9~1m.

0.9~1m

파종
마는 살눈 또는 씨마로 번식한다. 월동 가능한 남부 지방은 10월에 살눈을 파종하고, 중부 지방은 이듬해 4월에 파종한 뒤 5~6cm 높이로 복토한다.

모종
씨마(씨눈이 있는 절편마) 심기는 4월 중순~4월 말에 이랑에 2줄로 심는다. 싹은 40~50일 뒤 올라온다.

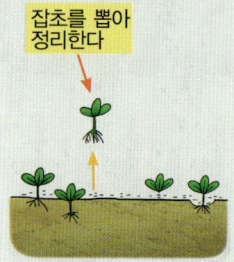

관리
5월에 그물형 지주대를 세우고 지주대로 줄기를 유인한다. 잡초가 보이면 김매기를 한다.

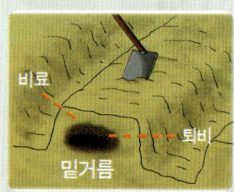

비료
파종 20~30일 전 유기질 비료와 퇴비 등을 주고 밭 두둑을 만든다. 웃거름은 6월 하순 전후, 7월 중순 전후에 포기 사이에 준다. 때에 따라 9월에 1회 더 준다.

수확
2~3년차 가을에 마의 뿌리를 수확한다.

병충해 & 그 외 파종 정보
마의 살눈은 9월경 살눈이 땅에 떨어지기 전 채종한 뒤 깨끗한 마른 모래와 섞어 깊이 1.5m 땅속에 저장해야 동해를 받지 않는다. 씨마는 인터넷 마 재배 농가에서 구입한다. 살눈 또는 씨마(절편마)를 심기 전 발아 촉진제에 30분 이상 침전한 뒤 심어야 발아가 잘 된다.

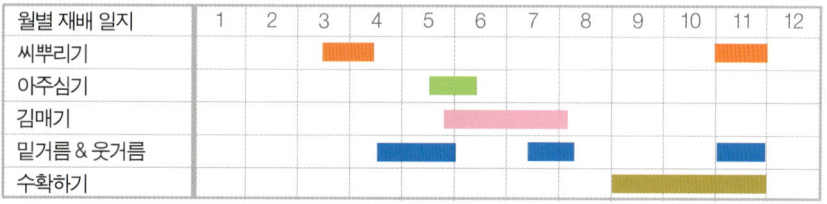

쥐방울덩굴

천식, 고혈압 유효 성분이 있는
쥐방울덩굴(마두령)

쥐방울덩굴과 덩굴성여러해살이풀 Aristolochia contorta 꽃 : 7~8월 길이 : 1.5m

월별 재배 일지	1	2	3	4	5	6	7	8	9	10	11	12
씨뿌리기			■	■							■	■
아주심기					■							
김매기					■	■						
밑거름 & 웃거름					■		■				■	
수확하기								■	■	■		

　　쥐방울덩굴은 우리나라와 중국, 일본에서 자생한다. 열매가 쥐방울만하다고 해서 쥐방울덩굴이라는 이름이 붙었다. 잎의 모양이 마덩굴과 비슷하기 때문에 더러 혼돈하는 식물이다. 쥐방울덩굴은 뿌리에 발암 물질이 많이 함유되어 있지만 약용은 할 수 있다. 일반적

쥐방울덩굴 열매

으로 허약자는 약용을 피한다. 우리나라의 깊은 산 숲 가장자리에서 자생하는데 지금은 자생지가 많이 줄어들었다.

쥐방울덩굴의 땅속 뿌리는 굵고 길쭉한 모양을 가졌다. 줄기는 길이 1.5m로 자라고 전체적으로 털이 없고 미끈하게 생겼다.

잎은 어긋나고 난상 심장형이고 잎의 색상은 연한 흰빛이 도는 녹색이다.

꽃은 7~8월에 잎겨드랑이에서 달린다. 꽃의 모양은 색소폰 모양이고 색상은 연한 녹색이다.

쥐방울덩굴 잎

9~10월에 결실을 맺는 열매는 지름 3~5cm의 공 모양이고 열매 표면에 6개의 골이 있다. 열매는 늦가을에 갈색으로 변하면서 저절로 6갈래로 벌어진 뒤 낙하산 모양으로 매달리게 된다. 쥐방울덩굴은 전초를 약용할 수 있지만 뿌리는 발암 물질이 많이 함유되어 있으므로 열매 또는 잎을 사용한다.

쥐방울덩굴 전초

이용 방법
열매는 9~10월에 녹색에서 갈색으로 변할 때 수확하되 열매자루까지 수확한다.
뿌리는 10~11월경 줄기가 마르면 수확하고, 잎은 서리가 내리기 전에 수확한다. 모두 햇볕에 말린 뒤 소량씩 약용한다.

약용 및 효능
쥐방울덩굴의 열매는 가래, 해수, 천식, 치질, 고혈압에 효능이 있다. 잎은 위통, 관절염, 임신수종, 신경통에 좋다.
뿌리는 청목향(靑木香)이라는 생약명으로 부르며 이질, 장염, 현기증, 종기, 복부팽만, 고혈압에 효능이 있고 뱀에 물린 상처에 외용한다. 뿌리에는 발암 물질이 다량 함유된 것으로 알려졌다. 참고로 쥐방울덩굴은 뿌리가 굵고 길기 때문에 화분 같은 용기 재배나 수경 재배에는 적합하지 않다.

쥐방울덩굴

재배 환경
용기 재배
수경(양액) 재배
베란다 텃밭
노지(옥상) 텃밭

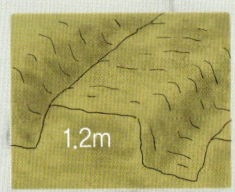
토양
비옥한 점질 토양에서 잘 자란다. 이랑 너비 1.2m

파종
가을에 채종한 종자를 축축한 모래와 섞어 노천 매장 후 11월경 뜨거운 물에 48시간 침전한 뒤 온실에서 파종한다. 20도를 유지하면 1~3개월 뒤 발아한다.

모종
늦봄~초여름에 본밭에 이식한다. 가을~겨울에 근삽으로 번식할 수 있다. 재식 간격 40×30cm.

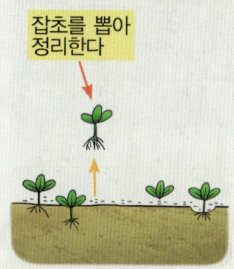

관리
5cm 정도 자랐을 때부터 김매기를 하고 총 5회 정도 한다. 5월경 그물형 지주대를 세워 잎을 유인한다.

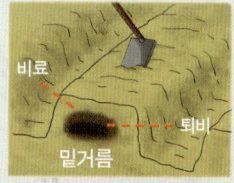

비료
노지 이식 20~30일 전에 유기질 비료와 퇴비 등을 주고 밭두둑을 만든다. 웃거름은 꽃이 진 후인 8월 초와 최종 수확 후인 11월부터 겨울이 시작되기 전에 준다.

수확
2~3년차 가을부터 서리가 내리기 전까지 열매, 뿌리, 잎을 순차적으로 수확한 뒤 햇볕에 건조시킨다.

병충해 & 그 외 파종 정보
쥐방울덩굴 종자는 가을에 열매가 녹색에서 갈색으로 변할 때 채종한다. 쥐방울덩굴을 이듬해 봄 3월 하순~4월 상순에 파종하려면 저온 처리를 해야 한다. 보통 3개월간 냉장고에 보관한 뒤(4~5도) 파종하면 발아가 된다.

박주가리 꽃

종자가 정력에 참 좋은
박주가리

박주가리과 덩굴성여러해살이풀   Metaplexis japonica   꽃 : 7~8월   길이 : 3m

월별 재배 일지	1	2	3	4	5	6	7	8	9	10	11	12
씨뿌리기			▬	▬							▬	
아주심기					▬							
김매기					▬							
밑거름 & 웃거름			▬									
수확하기									▬	▬		

　우리나라와 중국, 사할린, 일본 등에서 자생하는 박주가리는 우리나라 전국의 산과 시골길에서 흔하게 자생하는 덩굴 식물이다. 열매는 시큼한 맛이 있기 때문에 군것질거리가 없었던 옛날에는 박주가리 열매를 따먹기도 했다. 잎의 모양이 하수오 또는 큰조롱과 비슷

텃밭 울타리로 심은 박주가리

하기 때문에 오인하기도 하는데 잎을 찢었을 때 흰 즙이 나오면 박주가리이다.

박주가리의 땅속 뿌리에서 올라온 줄기는 길이 3m로 자란다. 잎과 마찬가지로 줄기도 자르면 흰색의 유액이 나온다.

잎은 마주나며 잎자루가 있고 일반적으로 긴 하트 모양이고 가장자리는 밋밋하다.

꽃은 7~8월에 잎겨드랑이에서 총상꽃차례로 달리는데 종 모양이고 끝부분이 5개로 갈라져 뒤로 말린다. 꽃은 잔털로 덮여 있어 조금 이상하게 보인다.

열매는 10~11월에 결실을 맺는데 긴 달걀 모양이고 표면이 오돌토

박주가리 열매

흰 즙이 나오는 모습

재배한 박주가리

돌하다. 열매는 늦가을에 완전히 익으면서 말라 비틀어지면서 저절로 벌어지고 그 안에서 솜털이 붙어 있는 씨앗이 나온다. 이 씨앗은 바람을 타고 멀리 날아간 뒤 번식하기 때문에 시골 논두렁은 물론 황무지에서도 흔히 볼 수 있는 덩굴 식물이 되었다.

이용 방법
뿌리를 포함한 지상부는 7~8월에 수확해 햇볕에 말린 뒤 약용한다. 열매는 9~10월에 수확한 뒤 햇볕에 건조시키고 약용한다. 어린 잎, 어린 뿌리, 싱싱한 열매는 식용할 수 있지만 흰 즙에 약간의 독성이 있으므로 과다 섭취를 피한다.

약용 및 효능
박주가리 뿌리는 폐결핵, 보신, 해독, 종창, 대하, 젖이 안 나올 때 효능이 있다. 열매와 종자는 강장, 영양실조, 발기불능, 지혈, 피로, 해수, 백일해, 출혈에 효능이 있다.

재배 환경
용기 재배
수경(양액) 재배
베란다 텃밭
노지(옥상) 텃밭

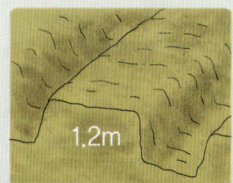
토양
양지바르고 건조한 양토에서 잘 자란다. 텃밭의 생울타리로 심는 것도 생각해 볼 만하다. 이랑 너비 1.2m.

파종
11월경에 열매가 녹색에서 홍갈색으로 거의 변했을 때 종자를 채종한 뒤 직파하거나, 이듬해 온실에서 파종한 뒤 5월에 본밭에 이식한다.

모종
박주가리는 세력이 강하므로 경작지 침범종이 될 수도 있다. 많이 번성하지 않도록 주의한다. 재식 간격 50cm.

관리
잎이 3~5매일 때 솎아내기를 하고 잡초가 보이면 김매기를 1~2회 정도 한다. 물은 조금 건조하게 관수한다.

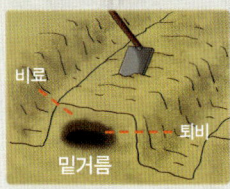

비료
파종 1개월 전에 유기질 비료와 퇴비 등을 주고 밭두둑을 만든다. 웃거름은 줄 필요가 없지만 종자 수확을 많이 하기 위해 웃거름을 주기도 한다.

수확
종자가 가장 효능이 높으므로 가을에 열매 위주로 수확한 뒤 종자를 채종하여 햇볕에 건조시킨 후 분말로 복용한다.

병충해 & 그 외 파종 정보
박주가리의 흰 유액은 피부 알레르기를 일으키는 것으로 유명하지만 소량 식용에는 문제점이 없다. 우리나라에서는 박주가리를 정력제 약으로 개발하기 위해 연구하는 회사가 있다.

하수오 꽃

조기 노화, 정력에 좋은
하수오(적하수오)

마디풀과 덩굴성여러해살이풀 *Fallopia multiflora* 꽃 : 8~9월 길이 : 2~4m

월별 재배 일지	1	2	3	4	5	6	7	8	9	10	11	12
씨뿌리기			■	■								
아주심기				■	■							
솎아내기				■	■							
밑거름 & 웃거름		■	■		■	■			■	■		
수확하기									■	■	■	■

　중국 원산으로 알려졌지만 국내에서도 자생하는 자생종임이 밝혀졌다. 흔히 적하수오라고 부르며 '나도하수오', '백하수오(큰조롱)'와는 쓰임새가 다른 약재로 사용한다. 하수오 품종 중에서 가장 약효가 좋기 때문에 하수오를 소문나게 한 약재이다. 한국은 물론 중

하수오 잎

국에서도 매우 인기 있는 약재이다. 정력증진과 노화예방에 좋고 불면증과 현기증에도 효능이 있다.

하수오의 땅속 뿌리는 굵고 오랫동안 자란 뿌리는 둥근 덩어리 형태이다.

줄기는 길이 2~4m로 자라지만 잔가지는 적게 갈라진다.

잎은 어긋나고 긴 하트형~둥근 하트형이고 잎의 상단부는 뾰족하고 하단부는 V자 또는 U자형이다. 잎의 가장자리는 밋밋하지만 가뭄철에는 쪼글쪼글해지면서 톱니가 있는 듯 보인다.

꽃은 8~9월에 원추 모양 꽃차례로 달린다. 꽃잎은 없지만 꽃받침이 꽃잎처럼 보이고 수술은 8개, 수술의 길이는 꽃받침보다 짧다.

세모진 달걀 모양의 열매는 9~10월에 결실을 맺는다.

하수오는 그간 중국에서 수입한 뒤 재배하던 약초라고 알려져 있었지만 국내에서도 자생지가 있는 것으로 밝혀졌다. 국내의 하수오 자생지는 태반이 하수오 무단 채굴로 초토화된 듯 보인다.

가뭄기의 잎

하수오 모종

이용 방법
3~4년 이상 자란 하수오의 덩이뿌리를 봄 또는 가을에 수확한다. 약간 독성이 있으므로 전문적인 법제화 과정을 거친 뒤 약용해야 한다.

약용 및 효능
정력, 조기 노화증, 오한, 자궁출혈, 학질, 이명, 불면증, 현기증, 가려움증, 변비, 동맥경화 등에 효능이 있고 피를 보(補)한다. 최근 하수오가 함유된 건강 보조제를 임상 실험한 결과 간에 악영향을 끼치는 성분이 있음이 밝혀졌으므로 과다복용은 피한다. 하수오는 돼지고기, 생선, 마늘, 양파와 금기이므로 같이 먹는 것을 피한다.

진도의 삼도하수오

재배 환경
용기 재배
수경(양액) 재배
베란다 텃밭
노지(옥상) 텃밭

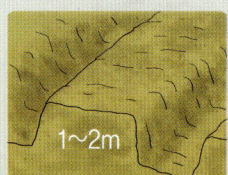
토양
비옥한 사질 양토 또는 점질 양토에서 잘 자란다. 이랑 너비 1.2m.

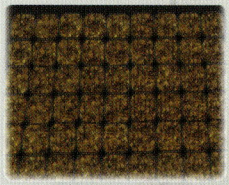
파종
종자는 3~4월 상순에 모래와 섞어 묘판에 파종한 뒤 흙을 얇게 복토하여 짚을 덮고 유묘하면 20일 뒤쯤 발아한다.

모종
본잎이 5~6매일 때 본밭에 이식한다. 재식 간격 40cm.

관리
노지에 파종한 경우 10cm로 자랐을 때 약한 것은 솎아낸다. 수분은 조금 촉촉하게 관수. 4~5월에 지주대를 세워 유인한다.

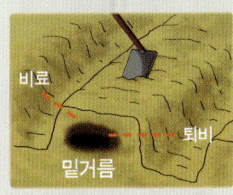

비료
파종 전 유기질 비료와 퇴비 등을 충분히 주고 밭두둑을 만든다. 웃거름은 매년 5월과 9~10월에 준다.

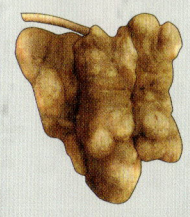

수확
2~3년차부터 뿌리 수확이 가능하지만 가급적 3~4년차부터 수확한다.

병충해 & 그 외 파종 정보
하수오는 꺾꽂이와 포기나누기로 번식할 수 있다. 포기나누기는 10월 중하순 또는 4월 중순에 한다.

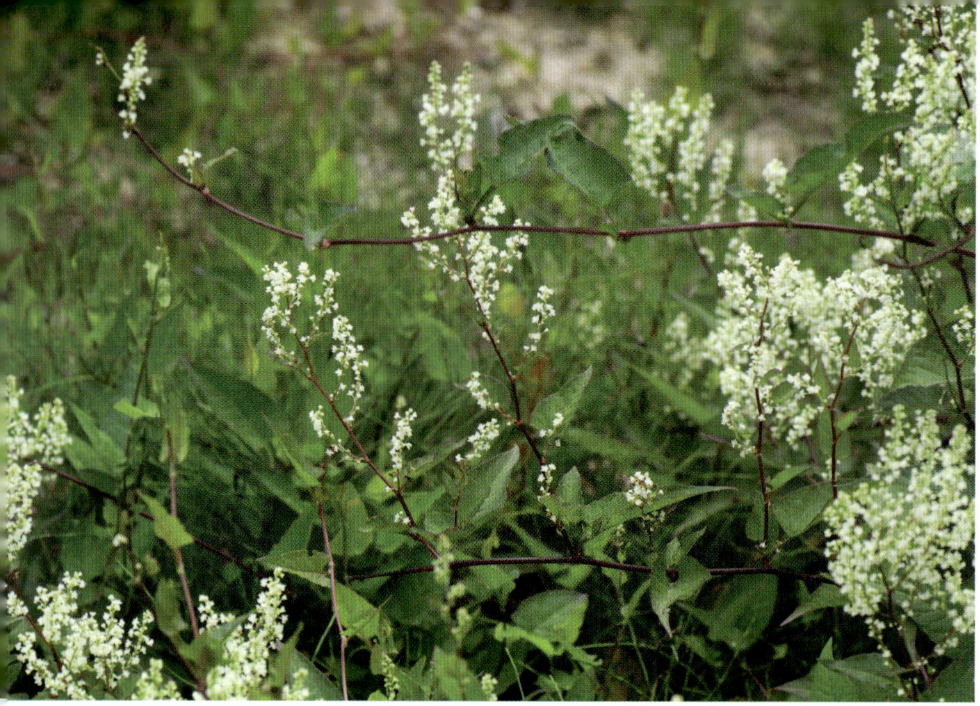

나도하수오

하수오와 닮았지만 약효는 다른

나도하수오(홍약자)

마디풀과 덩굴성여러해살이풀 Fallopia ciliinervis 꽃 : 6~8월 길이 : 2~4m

월별 재배 일지	1	2	3	4	5	6	7	8	9	10	11	12
씨뿌리기						■	■					
김매기					■	■	■	■	■	■		
솎아내기							■	■	■			
밑거름 & 웃거름					■							
수확하기			■	■	■	■	■	■	■	■	■	■

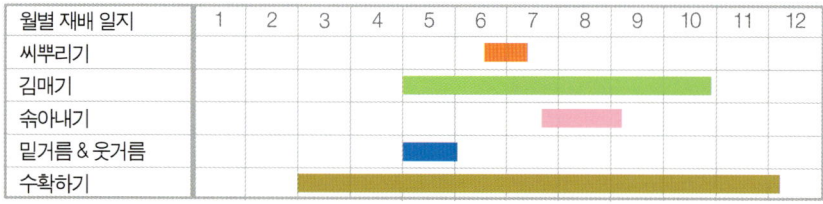

나도하수오는 하수오와 거의 비슷하지만 하수오의 잎 뒷면에는 털이 없고 나도하수오의 잎 뒷면 맥에는 털이 있다. 또한 하수오는 잔가지가 많이 갈라지지 않지만 나도하수오는 잔가지가 많이 갈라지면서 서로 엉키면서 자란다. 하수오의 턱잎은 짧은 원통형, 나도하

나도하수오 잎

수오의 턱잎은 막질의 다소 투명하고 줄기 마디에 있는 막질은 흑갈색이다.

나도하수오의 땅속 뿌리는 굵고 목질이며 여러 갈래로 많이 갈라져 있고 쉽게 부서진다.

줄기는 길이 2~4m로 자라고 잔가지가 잎겨드랑이에서도 돋아날 정도로 많이 갈라진다. 줄기 하단부는 조금 목질화되는 경향이 있다.

잎은 어긋나고 긴 하트형~둥근 하트형인데 잎의 상단부는 뾰족하고 하단부는 一자, V자, U자형이 함께 출현한다. 잎의 가장자리는 밋밋하지만 가뭄철에는 쪼글쪼글해지면서 톱니처럼 보인다. 잎 뒷면 맥에 털이 있고 잎자루 앞에 홈이 있다.

꽃은 6~8월에 원추 모양 꽃차례로 달리므로 하수오에 비해 일찍 꽃이 피고 꽃의 수량이 많다. 꽃잎은 없지만 꽃받침이 꽃잎처럼 보이고 수술은 8개, 수술의 길이는 꽃받침보다 짧다.

세모진 달걀 모양의 열매는 8~10월에 결실을 맺는다.

나도하수오 군락

이용 방법
중국의 홍약자(紅藥子)라는 약재에 준해 약용한다. 약용 및 효능은 법제화 방법에 따라 달라진다.

약용 및 효능
신선한 뿌리는 항균, 혈액 순환, 소염에 효능이 있다. 소금 또는 식초를 사용해 법제화를 하는데 법제화 방법에 따라 외상출혈, 통증, 장염, 혈변, 자궁출혈, 비뇨기 감염, 타박상, 허리통 약으로 사용한다.

나도하수오

재배 환경
용기 재배
수경(양액) 재배
베란다 텃밭
노지(옥상) 텃밭

토양
양지, 고온에서는 쉽게 시들어 버리기 때문에 그늘이 적합한 환경이다. 비옥한 사질 양토에서 잘 자란다. 이랑 너비 0.6~1.2m.

파종
6월 중순에 잘 성숙한 열매를 적시에 수확하여 열매 껍질을 떼어내고 건조시킨 뒤 7월 초에 파종한다.

모종
파종 60일 전후에 본밭에 이식한다. 재식 간격 50cm.

관리
육묘 시 햇볕과 고온에 약하므로 햇볕을 30% 차광한다. 이식 후 지주대를 세운다. 제때 김매기를 하고 노출된 뿌리는 복토한다.

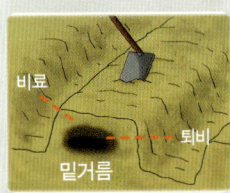

비료
파종 전 유기질 비료와 퇴비 등을 충분히 주고 밭두둑을 만든다. 이식 후에는 웃거름을 바로 준 뒤 이후 매년 2차례 웃거름을 준다.

수확
2~3년차부터 뿌리 수확이 가능하다. 연중 원하는 시기에 뿌리를 수확한다.

《팁박스》 나도하수오는 하수오와 꽃 및 열매 결실 시기가 다르기 때문에 번식법도 다르지만 종자 파종의 경우 하수오에 준해 시도해도 될 것 같다.

병충해 & 그 외 파종 정보
나도하수오는 중국의 홍약자에 준해 약용하기 때문에 본문의 재배법은 홍약자 재배법을 기준으로 설명하였다. 이유야 어쨌든 나도하수오와 중국의 홍약자와는 생김새가 조금 달라 보인다. 한 번쯤 유전자를 조사하여 동일 식물인지 확인해 볼 필요성이 있다.

큰조롱 꽃

적하수오의 동생인
큰조롱(백하수오, 백수오)

박주가리과 덩굴성여러해살이풀 *Cynanchum wilfordi* 꽃 : 7~8월 길이 : 3m

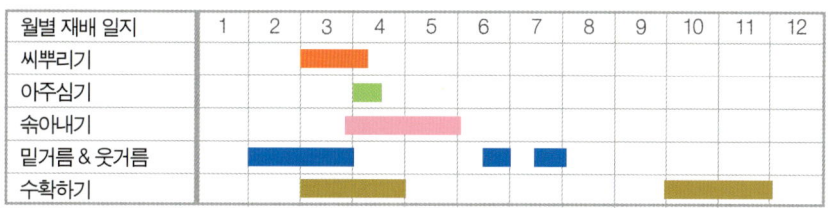

월별 재배 일지	1	2	3	4	5	6	7	8	9	10	11	12
씨뿌리기												
아주심기												
솎아내기												
밑거름 & 웃거름												
수확하기												

　　백수오 사태로 유명한 식물로서 정식 식물명은 큰조롱이다. 한방에서는 '백하수오' 또는 '백수오' 라는 생약명으로 부르고, 민간에서는 '은조롱' 이라고도 한다. 유사종으로는 '나도은조롱' 이 있고 잎이 비슷한 식물로는 '하수오', '나도하수오', '박주가리' 가 있다. 큰조

341

큰조롱 전초

롱은 줄기 잎이 마주나기 때문에 줄기 잎이 어긋나는 하수오 류와는 바로 구별할 수 있고, 박주가리 잎과는 잎맥 모양이 달라 구별할 수 있다. 잎 모양만 보면 오히려 쥐방울덩굴과 비슷한 식물이다.

땅속 뿌리는 방추형의 육질이 두텁고 깊이 들어가 있다. 줄기는 길이 1~3m로 뻗으면서 나무 줄기나 잡목 줄기를 감아 타고 오른다.

잎은 마주나고 난상 삼각형~심장형이다. 잎의 하단부는 U자형인데 귀처럼 둥글게 안쪽으로 굽어져 있어 일반적으로 잎의 하단부가 O자형처럼 오목하게 패어 있다.

꽃은 7~8월에 잎겨드랑이에서 꽃자루가 올라온 뒤 산형꽃차례로 달린다. 언뜻 보면 자잘한 꽃들이 둥글게 모여 달리는 것처럼 보인다.

9~10월에 결실을 맺는 열매는 박주가리 열매처럼 원추형 모양이지만 박주가리 열매에 비해 얇다.

큰조롱은 박주가리와 마찬가지로 줄기를 자르면 흰 유액이 나온다. 바닷가 주변의 경사지나 산에서 자생하지만 백수오라는 이름이 알려진 이후로는 채굴하는 사람이 늘어 자생지가 줄어들고 있다. 우리나라와 중국, 러시아, 일본 등에서 자생하는 식물이다.

큰조롱의 유사종은 남서 해안 도서 지역에서 자생하는 '나도은조롱', 줄기에 곱슬한 털이 있는 '세포큰조롱'이 있다.

큰조롱 열매

큰조롱 잎

　큰조롱과 비슷한 이엽우피소는 잎의 표면에 잔주름이 발달해 조금 울퉁불퉁하고 광택이 있다. 뿌리를 잘라 보면 큰조롱은 유즙이 아닌 투명 즙이 나오고, 이엽우피소는 흰색 유즙이 나온다.

이용 방법
11월 또는 이른 봄에 큰조롱 뿌리를 수확한 뒤 햇볕에 건조시키고 약용한다.

약용 및 효능
뿌리를 백하수오 또는 백수오라고 부르며 약용한다. 자양강장, 정력, 빈혈, 신경쇠약, 윤장, 변비, 노화예방, 백발을 흑발로 바꾸고, 피를 보하는 효능이 있다. 약용 및 효능은 하수오(적하수오)와 거의 비슷하지만 일반적으로 하수오에 비해 조금 못한 약재로 알려져 있다. 6~12g을 달여 복용한다.

백하수오

재배 환경
용기 재배
수경(양액) 재배
베란다 텃밭
노지(옥상) 텃밭

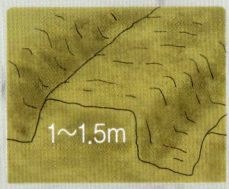

토양
비옥한 양토에서 잘 자란다. 비닐 피복 재배 권장. 이랑 너비 1~1.5m.

파종
종근 번식은 3~4월 중순에 5~7cm 길이로 준비한 뒤 심고 흙을 3cm로 복토한다. 종자는 4월 상순에 3~4립씩 파종하고 흙을 1cm로 복토한다.

모종
종자 번식인 경우 그 해에 육묘한 뒤 이듬해 4월 상순에 본밭에 이식한다.
줄 간격 50cm, 포기 간격 25cm.

관리
종자 파종의 경우 잎이 4~6매일 때 한 구멍에서 상태 좋은 것 1주만 남기고 솎아낸다. 이식한 경우 4~5월경 지주대를 세운다. 가뭄에 주의한다.

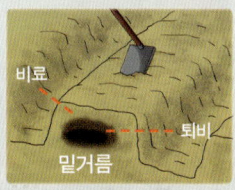

비료
20~30일 전에 유기질 비료와 퇴비 등을 주고 밭두둑을 만든다. 웃거름은 6월 하순과 7월 하순에 질소 성분 위주로 준다.

수확
뿌리 수확은 본밭에 이식한 후 2년차부터 가능하지만 통상 3년차부터 수확한다. 수확기는 3~4월과 10~11월인데 가을에 수확하는 것이 좋다.

병충해 & 그 외 파종 정보
자갈이 많은 밭에서는 잔뿌리가 많아지므로 권장하지 않는 토양이다. 종근 번식 시에는 쓸모없는 잔뿌리를 심어도 되지만 이 경우 모종이 허약하기 때문에 가급적 튼실한 종근으로 심는다.

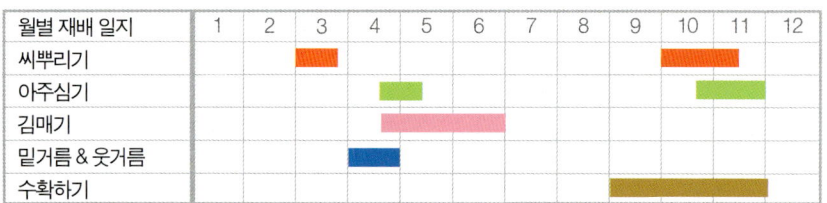

만삼 꽃

저혈압, 당뇨에 좋은
만삼

초롱꽃과 덩굴성여러해살이풀 *Codonopsis pilosula* 꽃 : 8~9월 길이 : 2m

월별 재배 일지	1	2	3	4	5	6	7	8	9	10	11	12
씨뿌리기			■							■	■	
아주심기					■						■	
김매기					■	■						
밑거름 & 웃거름				■								
수확하기								■	■	■		

만삼은 우리나라와 중국에서 자생하는 더덕과 비슷한 식물이다. 약효 면에서는 더덕에 비해 못한 것으로 알려졌다. 우리나라의 경우 강원도 깊은 산과 남쪽의 덕유산 같은 높은 산에서 자생한다. 다소 음지형 식물이기 때문에 큰 나무 숲 아래의 다소 습하고 그늘진 곳

에서 볼 수 있다. 그늘지되 여러 풀들이 무리지어 자라는 식생 좋은 경사진 풀밭에서 군락을 이루기보다는 독자생존하는 경향이 높다.

만삼의 땅속 뿌리는 길이 20cm 내외의 길쭉한 도라지 뿌리 모양이다. 줄기는 길이 1~2m로 자라는데 전체적으로 털이 있어 더덕 줄기와 구별할 수 있다. 줄기는 다른 물체를 감아 오르면서 자란다.

잎은 어긋나지만 짧은 가지 상단부에서는 마주나기도 하고 전반적으로 뽀얀 털이 있어 더덕 잎과 구별할 수 있다.

7~8월에 잎겨드랑이에서 꽃자루가 올라온 뒤 꽃이 개화한다. 꽃의 모양은 더덕 꽃과 거의 비슷하지만 꽃잎이 조금 푹신한 질감을 가진 듯한 느낌을 준다.

열매는 9~10월에 결실을 맺은 뒤 성숙하면 3갈래로 터지면서 종자를 방출한다.

만삼 텃밭

만삼 어린 잎

만삼 잎

이용 방법
가을에 뿌리를 채취하여 햇볕에 건조시킨 후 약용한다. 생뿌리는 더덕처럼 조리해 먹거나 술을 담가 먹는다.

약용 및 효능
기와 진을 보하고 피로회복, 당뇨, 저혈압에 좋다. 식욕부진, 권태, 빈혈, 얕은 호흡기 질환, 피를 보(補)하는 효능이 있다. 만삼은 단방 요법보다는 다른 한약을 제조할 때 혼합하는 약으로 사용된다.

만삼의 그물형 지주대

재배 환경
용기 재배
수경(양액) 재배
베란다 텃밭
노지(옥상) 텃밭

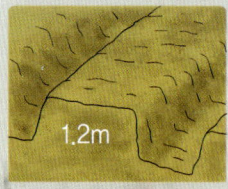
토양
부식질의 조금 촉촉한 양지바른 사질 양토에서 잘 자란다. 이랑 너비 1.2m.

파종
봄 파종은 3월 상중순, 가을 파종은 10~11월에 한다. 볏짚을 덮고 물을 촉촉하게 관수한다. 햇볕을 차광하면 통상 2주 뒤 발아한다.

모종
5월 초 전후 또는 11월 중순 전후 노지에 이식한다. 이식할 때 뿌리가 다치지 않도록 한다. 재식 간격 25cm.

관리
김매기를 한다. 뿌리를 비대하게 하려면 30cm 이상 자랐을 때 순지르기 한다. 늦여름에 햇볕이 들어오도록 육묘 시 설치한 차광막을 해제한다.

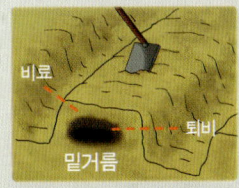

비료
파종 1개월 전 유기질 비료와 퇴비 등을 주고 밭두둑을 만든다. 웃거름은 상태를 보아가며 준다.

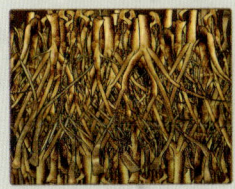

수확
뿌리를 식용 목적으로 수확할 경우 이식 후 1년차 가을부터 수확할 수 있다. 약용 수확인 경우 2~3년차 이후부터 수확한다.

병충해 & 그 외 파종 정보
종자는 가을에 열매가 갈색일 때 채종한 뒤 통풍이 잘 되는 곳에서 건조 저장한다. 만삼은 묘두로도 번식할 수 있다.

화악산의 만삼

청미래덩굴 꽃

관절통에 좋은
청미래덩굴(발계)

백합과 낙엽활엽덩굴식물 *Smilax china* 꽃 : 4~5월 높이 : 3m

월별 재배 일지	1	2	3	4	5	6	7	8	9	10	11	12
씨뿌리기			■	■						■		
김매기					■							
솎아내기					■							
밑거름 & 웃거름				■								
수확하기		■	■					■				

　우리나라와 중국, 대만, 필리핀, 베트남, 태국, 일본 등에서 자생하는 청미래덩굴은 국내의 경우 바닷가 야산에서 흔히 자라는 식물이다. 흔한 만큼 약용 뿌리를 손쉽게 구할 수 있다. 질긴 줄기와 가시 때문에 아주 고약한 이 식물의 재배 방법을 소개하려는 이유는 야생

대부도의 청미래덩굴

동물 침범이 많은 지역에서 울타리용으로 좋기 때문이다. 일단 심어 놓으면 멧돼지도 청미래 울타리를 피해 다닌다. 청미래덩굴의 가시는 사람들조차 피해 다니는 고약한 가시이기 때문이다.

청미래덩굴의 뿌리는 울퉁불퉁하고 길고 굵은 잔뿌리가 드문드문 나 있다.

길이 3m로 뻗는 원줄기에서는 잔가지가 많이 갈라지고 잔가지들이 나무를 타고 오르거나 땅을 포복하면서 자란다. 줄기와 잔가지는 철사처럼 질기고 갈고리 같은 날카로운 가시가 있다. 가시에 긁히면 옷이나 피부가 찢어질 정도로 강한 상처를 준다.

열매

잎

태안반도의 청미래덩굴

잎은 어긋나고 타원형이고 윤채가 있고 턱잎에 덩굴손이 있다.

꽃은 암수딴그루이고 통상 5월에 개화를 한다. 남해안의 도서 지역에서는 3월에 개화하기도 한다.

9~10월에 결실을 맺는 둥근 열매를 '명감' 또는 '망개' 라고 한다. 열매 안에는 황갈색 종자가 평균 5개 정도 들어 있다. 청미래덩굴은 1997년에 산림청에서 지정한 희귀 식물이지만 태안반도, 안면도, 대부도, 완도 일부 야산에서는 아주 흔하게 보인다.

이용 방법
2월 또는 8월에 청미래덩굴 뿌리를 수확한 뒤 잔뿌리는 제거하고 햇볕에 말린다. 어린 순은 나물로 식용하고 성숙한 잎은 술을 담그거나 약용한다.

약용 및 효능
뿌리를 발계(菝葜)라는 생약명으로 부른다. 오한, 근육마비, 관절통, 부종, 동통, 이뇨, 이질, 설사, 임병, 정창에 효능이 있다. 9~15g을 달여 복용한다. 잎도 비슷한 효능을 가지고 있다.

재배 환경

- 용기 재배
- 수경(양액) 재배
- 베란다 텃밭
- 노지(옥상) 텃밭

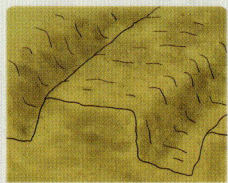
토양
비옥한 양토에서 잘 자란다. 그늘에서도 양호한 성장을 보인다. 동물이 자주 출몰하는 밭의 울타리로 심는다.

파종
가을에 채종한 종자를 노천 매장한 뒤 이듬해 4월 상순 전후에 파종한다.

모종
삽목, 분주 번식도 가능하다. 삽목은 가을에 줄기 상단에서 눈이 있는 부분을 15cm로 자른 뒤 발근 촉진제를 바르고 7~8cm 깊이로 묘판에 심는다. 발근율 60% 내외.

관리
잡초가 보이면 김매기를 한다. 청미래덩굴이 너무 번성하면 사람도 지나갈 수 없으므로 너무 번성할 경우 삽으로 뿌리채 뽑아낸다.

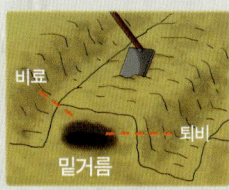

비료
파종 1개월 전에 유기질 비료와 퇴비 등을 주고 밭두둑을 만든다.
웃거름은 상태를 보아가며 준다.

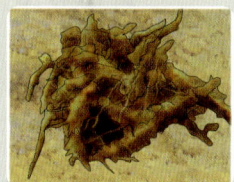

수확
2월 또는 8월에 수확하되 뿌리는 2년차 이후부터 수확한다.

병충해 & 그 외 파종 정보
청미래덩굴은 귀농자가 자기 사생활 보호를 위해 창문 옆으로 보이는 자신의 산 진입로에 심으면 사람들 발자취가 뚝 끊기게 할 정도로 가시가 강한 덩굴 식물이다. 청미래덩굴 종자는 9~10월 열매가 빨간색으로 변할 때 채종한다.

갈대밭

기침, 식중독에 좋은
갈대(노근)

벼과 여러해살이풀   *Phragmites australis*   꽃 : 9~10월   높이 : 1~3m

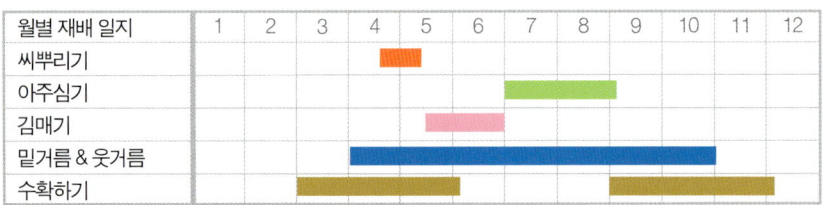

갈대는 전 세계 온대 및 아열대 지역의 강가, 바다와 만나는 하구, 바다 주변의 습지에서 자생한다. 최근 갈대와 비슷한 품종 4가지를 갈대와 별도 품종으로 분류하였는데 한국, 일본, 블라디보스톡의 하천변에서 자라는 달뿌리풀(*Phragmites japonicus*)과 열대아시아,

갈대 꽃

열대아프리카, 호주 등에서 자생하는 큰달뿌리풀(Phragmites karka)이 갈대와는 별도 품종으로 분류되었다. 약용 목적으로는 갈대와 달뿌리풀을 동일 약재로 취급한다.

갈대의 땅속 뿌리는 길게 가로로 뻗고 뿌리에서 줄기가 사방으로 올라오면서 번식한다. 뿌리의 색상은 황백색이고 수염뿌리가 달린다. 원줄기는 높이 1~3m로 자라고 줄기 속은 비어 있다.

잎은 2줄로 어긋나기를 하고 잎자루 밑이 줄기를 감싸고, 감싼 부분 틈 사이에 있는 잎혀에 짧은 털이 있다. 잎혀는 줄기를 감싸는 잎자루와 줄기 사이로 이물질이 들어가지 않도록 막는 역할을 하는 잎 모양 혀이다. 갈대와 거의 비슷한 생김새이지만 잎자루가 있는 마디마다 실 같은 털이 있으면 '달뿌리풀'이다. 갈대는 강가 하구의 모래사장이나 점토질 토양에서 자생한다. 달뿌리풀은 주로 강의 상류 지

갈대

갈대 잎

어린 갈대

역의 자갈이 섞인 물가에서 자생한다. 잎 중앙에 흰 줄 같은 맥이 있는 '억새'는 물가가 아닌 뚝방, 산의 건조한 곳에서 자생한다. 억새와 비슷한 물억새는 물가에서 자란다. 갈대의 꽃은 8~9월에 원뿔 모양 꽃차례로 달리고 열매는 10~12월에 성숙한다.

이용 방법
갈대 뿌리는 봄~가을에 수확하고 생것 또는 말린 것을 약용한다. 갈대는 뿌리뿐 아니라 지상부 전체를 약용 및 식용할 수 있다.

약용 및 효능
뿌리를 포함한 전초를 약용한다. 식중독, 지혈제, 해독, 구토, 해열, 천식, 구토, 해열, 진해, 이뇨, 진정, 건위, 설사, 가래, 폐농양, 요로감염에 효능이 있다.

재배 환경
용기 재배
수경(양액) 재배
베란다 텃밭
노지(옥상) 텃밭

토양
비옥한 모래 진흙 땅에서 잘 자란다. 다른 작물을 침범하므로 고립된 형태로 연못 조성. 수심 0~50cm 권장.

파종
4월 하순~5월 상순에 종자를 토양에 심고 촉촉하게 관리하면 빨리 발아한다. 갈대 뿌리에서 올라온 싹을 뿌리 길이 30cm로 굴취해 심는 것이 더 편리한 번식법이다.

모종
높이 10~20cm로 자랐을 때 이식하는데 보통 여름이나 이듬해 봄에 이식한다. 재식 간격 10~100cm. 높이 5cm 모종은 촉촉한 관수에 익사할 수 있다.

관리
갈대가 30cm 이상 자라면 수심 5cm로 채우거나 이식할 수 있다. 높이 1~2m의 갈대는 수심 30~50cm에서 견딘다.

비료
연못을 만들고 거름을 준다. 유기질 비료를 겸해 정화조 물을 줘도 된다. 웃거름은 필요에 따라 주는데 갈대 특성상 부영양화 수질에서 잘 자란다.

수확
봄~가을에 갈대 뿌리를 수확한 뒤 약용하거나 약재 시장에 출하한다.

병충해 & 그 외 파종 정보
갈대 종자는 11월 하순~12월에 채종한다. 분주 번식은 4월 하순 전후에 한다. 번식력이 매우 왕성하기 때문에 연못의 크기가 클수록 좋다. 연못이 있을 경우 수심 3cm 이하 지역이나 촉촉한 땅에 파종한다. 모종이 10~20cm 높이가 되면 수심 2~3cm 지역으로, 모종이 30cm 높이가 되면 수심 5cm 위치로 이식할 수 있다.

흑삼릉 꽃

복부 통증에 사용하는
흑삼릉

흑삼릉과 수생 · 여러해살이풀 *Sparganium stoloniferum* 꽃 : 7월 높이 : 1m

월별 재배 일지	1	2	3	4	5	6	7	8	9	10	11	12
씨뿌리기			■	■						■	■	
아주심기						■						
김매기				■	■	■						
밑거름 & 웃거름			■	■	■							
수확하기				■	■	■				■	■	

 흑삼릉은 중국, 중앙아시아, 미국 등 대부분의 온대 지역에서 자생하는 수생 식물이다. 국내에서는 습지, 강변, 호수, 도랑에서 자생하는데 도랑에서 자생하는 것들은 지방 도시의 확장으로 개체수가 줄어들고 있다.

흑삼릉 전초

이 수생 식물은 줄기에 3개의 모서리가 있다 하여 흑삼릉(黑三稜)이라고 불린다. 한방에서는 이 식물의 뿌리를 삼릉(三稜)이라는 생약명으로 부른다.

흑삼릉의 짧은 뿌리는 옆으로 기고 뿌리의 곳곳에서 싹이 올라오면서 큰 포기를 이룬다. 뿌리에서 올라온 잎은 뭉쳐서 나는 경우가 많다. 잎은 뒤쪽에 능선이 있고 윗부분은 다소 원형이다.

6~7월에 피는 꽃은 두상꽃차례로 달리고 이것이 수상꽃차례 모양을 이룬다. 꽃대는 최고 1m 높이로 올곧게 자란다. 화수의 상부에는 수꽃이 있고 하부에는 흰색의 암꽃이 자리잡는다. 화수의 길이는 20~50cm 내외이다. 수꽃에는 꽃잎처럼 보이는 꽃받침이 3개가 있고 수술도 3개이다. 암꽃에는 꽃잎처럼 보이는 꽃받침이 3개, 암술대는 1개이다.

달걀형의 열매는 9~10월에 결실을 맺는다. 열매는 뿔이 울퉁불퉁한 공처럼 생겼다.

흑삼릉의 유사종은 암술대가 짧은 긴흑삼릉(S. japonicum)과 잎이 가느다란 좁은잎흑삼릉(S. angustifolium)이 있다. 잎의 모양은 벼과 식물과 비슷하다.

흑삼릉 잎과 열매

흑삼릉 잎

이용 방법
봄 또는 가을에 뿌리를 수확하여 세척한 뒤 껍질을 벗겨내고 햇볕에 건조시킨다. 생뿌리와 줄기는 뜨거운 물에 데친 뒤 식용한다.
종자 번식은 9~10월에 알맞게 익은 종자를 채종한 뒤 즉시 온실에서 2~3cm의 물을 채운 인공 연못에 파종하고 육묘한다. 냄비에 물을 채워서 화분을 담고 화분에 파종하되 물을 흙 위까지 채운다.

약용 및 효능
덩이뿌리를 삼릉(三稜)이라 하며 약용한다. 어혈, 통증, 복통, 가슴통, 월경통, 무월경, 소화불량, 타박상, 부스럼에 효능이 있는데 주로 복부 관련 통증에 효능이 있다.

재배 환경
용기 재배
수경(양액) 재배
베란다 텃밭
노지(옥상) 텃밭

토양
비옥한 점질토, 사질 점토에서 잘 자란다. 텃밭 주변의 도랑, 습지, 흐르는 물에 심을 수 있다. 재배 적정 수심은 1~40cm.

파종
봄에 뿌리를 분주해 너비 30cm, 깊이 20~30cm 구멍에 2~3개를 심은 뒤 흙을 복토한다. 관수를 끊임없이 촉촉하게 유지하거나 물을 얇게 채운다.

모종
싹이 올라오면 거름을 주고 20cm 높이로 자라면 연못가의 얕은 곳이나 항상 물기가 촉촉한 연못가에 이식한다. 재식 간격 20~30cm.

관리
잡초가 보이면 김매기를 한다. 물기가 없는 환경이면 끊임없이 물을 관수한다.

비료
심기 전에 거름을 주고 흙을 부드럽게 한 뒤 구멍을 낸 다음 심고 거름을 섞은 흙을 복토한다. 싹이 올라오면 바로 1차 웃거름, 5~6월에는 2차 웃거름을 준다.

수확
봄 또는 가을에 뿌리를 수확한 뒤 껍질을 벗기고 햇볕에 건조시킨다.

병충해 & 그 외 파종 정보
구근을 심을 때 뿌리는 밑으로 싹은 위로 한다. 소량 재배할 경우 화분에 심은 뒤 물탱크에 넣고, 이식할 때 연못에 화분 채 넣는 것도 생각해 볼 만하다.

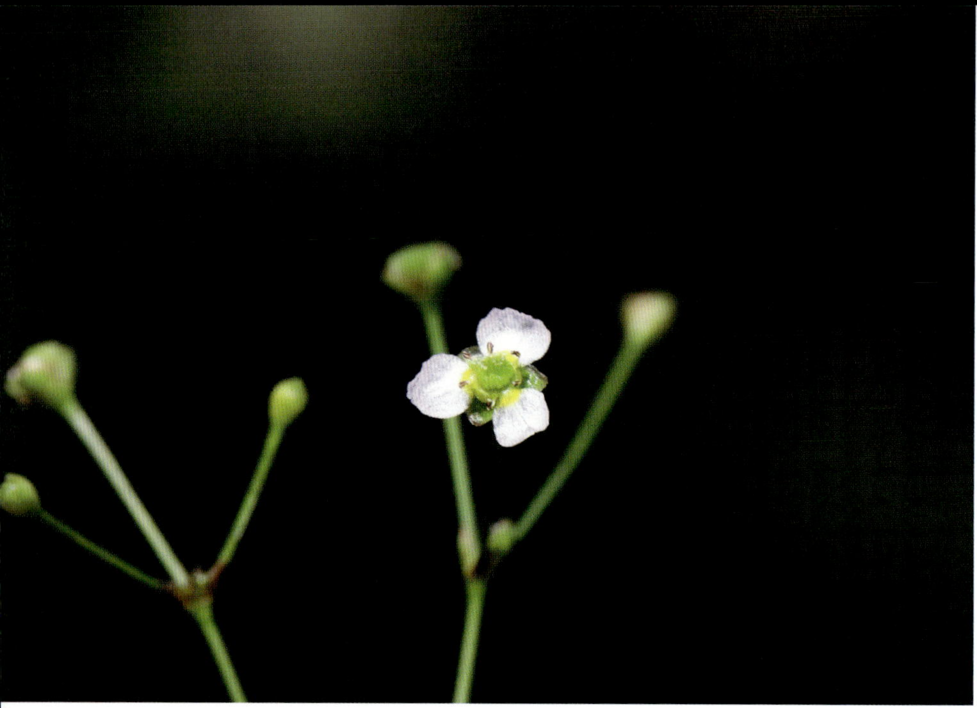

택사 꽃

신염, 오줌 질병에 효능이 있는

택사 & 질경이택사

택사과 수생 · 여러해살이풀　Alisma canaliculatum　꽃 : 6~7월　높이 : 1m

월별 재배 일지	1	2	3	4	5	6	7	8	9	10	11	12
씨뿌리기				■		■						
아주심기					■	■		■				
솎아내기				■	■		■	■				
밑거름 & 웃거름				■	■	■	■	■	■			
수확하기	■	■										■

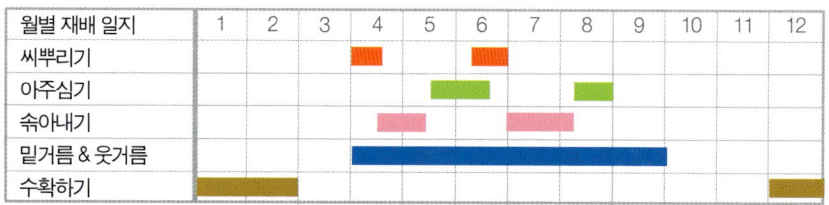

택사는 극동아시아 3국에서 자생하는 수생 식물이다. 택사는 유사종인 '질경이택사'와 함께 뿌리를 약용한다. 뿌리에 독성이 있는 식물로 알려져 있지만 햇볕에 건조시키면 사라진다고 한다.

택사는 잎 모양이 넓은 피침형이고, 질경이택사는 잎 모양이 긴 주

걱형이기 때문에 잎 모양을 확인하면 쉽게 구별할 수 있다.

택사의 물 속 뿌리는 가늘고 수염뿌리 형태로 자란다. 뿌리

택사 잎

에서 올라온 잎은 하단부가 서로를 감싸고 잎의 모양인 피침형~넓은 피침형이다.

잎 중앙에서 올라오는 꽃대는 꽃이 개화할 무렵 높이 80~130cm로 자란다. 꽃은 7월경 개화하고 흰색이다. 꽃잎과 꽃받침은 각각 3개이고, 수술은 6개이다.

9~10월에 결실을 맺는 열매는 수과이고 표면이 쪼글쪼글한 도넛 모양이다.

택사는 수련 같은 수생 식물에 비해 추위에 강

질경이택사 잎

하기 때문에 우리나라 전역에서 재배할 수 있다. 외형 면에서는 질경이택사가 더 관상 가치가 좋다. 때문에 택사 농사를 하는 사람들은 대부분 질경이택사를 많이 재배하는 추세이다.

택사 전초

이용 방법
겨울에 지상부가 말랐을 때 뿌리를 수확하여 거친 껍질은 벗겨내고 불에 쬐어 말린 뒤 약용한다.
한방에서는 택사와 질경이택사를 동일 약재로 취급한다. 어린 잎은 스프 같은 국물 요리에 넣어 먹는다.

약용 및 효능
한방에서의 생약명은 택사(澤瀉)이다. 빈뇨, 수종, 부종, 각기, 신염, 신우신염, 임병 등에 효능이 있다.
주로 오줌과 관련된 감염증에 6~12g을 달여 복용한다. 잎은 기관지염에 약용할 수 있다.

질경이택사 전초

재배 환경
용기 재배
수경(양액) 재배
베란다 텃밭
노지(옥상) 텃밭

토양
비옥한 점질토 연못에서 잘 자란다. 재배 적정 수심은 1~30cm.

파종
4월 상순 또는 6월 중하순에 모래와 5~10배 섞어 모판에 파종. 흙을 슬쩍 복토한 뒤 이랑에 물을 넘치듯 댄다. 1~2주 뒤 발아한다.

모종
싹이 올라오면 밤에는 물을 대고, 낮에는 물을 뺀다. 파종 50일 뒤 15cm 전후로 자라면 연못 얕은 곳에 심는다. 재식 간격 30×25cm.

관리
육묘를 할 때 솎아내기를 한다. 모가 15cm 전후로 자라면 고인 물에서 자랄 수 있으므로 이식하거나 3~4cm 높이로 물을 채운다.

비료
모판의 흙은 유기질 비료와 퇴비 등을 주고 만든다. 아주 심을 연못을 만들고 물에 거름을 준다. 유기질 비료를 겸해 정화조 물을 줘도 된다.

수확
겨울에 뿌리를 수확해 약용한다.

병충해 & 그 외 파종 정보
소량 재배할 경우 택사 역시 화분에 심어 물탱크에 넣고, 이식할 때 연못에 화분 채 넣는 방법이 좋다.

마름 꽃

강장과 시력에 좋은
마름(능실)

마름과 수생·한해살이풀 Trapa Japonica 꽃 : 7~8월 높이 : 1.5m

월별 재배 일지	1	2	3	4	5	6	7	8	9	10	11	12
종자번식								▬				
영양번식					▬							
아주심기					▬	▬						
밑거름 & 웃거름				▬	▬	▬	▬					
수확하기								▬	▬	▬		

　마름은 부엽성 수생 식물이다. 부엽성 수생 식물은 물 속 바닥의 진흙에 뿌리를 박은 뒤 줄기와 잎이 물 속에서 자라 수면 위에 잎을 노출시키는 식물이다. 마름의 줄기는 최대 3~4m 수심까지 줄기를 내린 후 물 속 바닥에 뿌리를 내린다. 그보다 깊은 수심에서는 뿌리

네마름

를 흙에 박을 수 없으므로 가을까지 잘 자라지 못할 수도 있다.

마름은 우리나라를 비롯 중국, 일본, 유럽 등에서 자생한다. 이 중 유럽~서아시아에서 흔히 자라는 마름은 '네마름'이다. 마름은 열매의 뿔이 2개이지만 네마름은 열매의 뿔이 4개이다. 약재로는 열매 뿔이 2개인 마름만 사용하지만 네마름 열매도 사람이 식용할 수 있고 맛 또한 마름 열매와 비슷하다.

마름의 뿌리는 물 속 진흙에 박혀 있고 여기서 줄기가 올라온다. 물 속 줄기에서도 수중 뿌리가 돋아나므로 마름을 걷어올리면 실 같은 뿌리들이 다닥다닥 붙어 올라오는 것을 볼 수 있다.

마름의 잎은 수면까지 자란 줄기에서 돋아난다. 잎자루는 줄기에서 방사형으로 돋아나고 삼각꼴의 잎이 달린다. 잎의 가장자리에는 불규칙한 톱니가 있고 잎 뒷면 맥과 잎자루에는 털이 있다.

꽃은 7~8월에 피지만 지름 1cm이기 때문에 연못 밖에서는 잘 보이지 않는다. 꽃잎은 4개, 수술 역시 4개이고 암술은 1개이다.

열매는 삼각꼴의 딱딱한 견과인데 좌우에 날카로운 뿔이 있기 때문에 흡사 스텔스 비행기처럼 생겼다. 9~10월에 결실을 맺는다.

마름의 유사종은 마름에 비해 전체적으로 왜소한 '애기마름', 잎의 모양이 콩팥 모양인 '수염마름', 열매 뿔이 4개인 '네마름'이 있다.

마름 군락

이용 방법
열매는 9~10월에 수확한 뒤 약용하거나 식용한다. 줄기는 개화 시에, 잎은 필요할 때 수확한다. 열매는 껍데기, 과실, 과실 전분의 약용 및 효능이 다르기 때문에 각기 약용한다. 일반적으로 열매의 뿔이 2개인 마름과 애기마름을 약재로 사용하지만 네마름 열매도 비슷한 약효가 있을 것으로 추정된다.

약용 및 효능
과실의 전분은 밤맛과 비슷하다. 강장, 익기, 해독에 효능이 있고 비장과 위장을 보(補)한다. 열매 껍데기는 설사, 탈항에 효능이 있다. 성숙한 과육은 마비 증세, 주독, 열독을 해독한다. 줄기는 사마귀에 외용하고 잎은 시력에 약용한다.

재배 환경
용기 재배
수경(양액) 재배
베란다 텃밭
노지(옥상) 텃밭

토양
비옥한 점질토, 약간 흐르는 물이 있는 연못에서도 성장한다. 마름의 재배 최소 수심은 0.1m. 재배 최대 수심은 3.3m. 권장 수심은 1.4~1.6m이다.

파종
늦여름에 종자를 채취한 뒤 햇볕 건조 없이 화분에 바로 심어 화분을 물항아리에 침수시킨다. 서리가 없는 곳에 두면 이듬해 봄에 뿌리를 내린다. 화분채 연못에 침수시킨다.

모종
5월 초에 부수엽이 있는 마름 줄기를 10~25cm 길이로 잘라 연못에서 햇볕이 가장 강한 곳에 침수시키되 잎은 수면에 노출시킨다.

관리
마름은 물이 없으면 금방 죽으므로 물에 10cm 이상 침수시킨다. 마름은 뿌리가 공기에 노출되면 죽으므로 최저 10~20cm의 수심이 필요하다.

비료
화분의 흙은 유기질 비료와 퇴비 등을 주고 만든다. 연못에 만든 뒤에는 물에 거름을 풀어 번성 조건을 만든다.

수확
9~10월에 열매를 수확한 뒤 식용하거나 약용한다. 8월 말 채종한 번식용 종자는 건조하지 않도록 관리한다.

병충해 & 그 외 파종 정보
부수엽이란 수중 잎이 아닌 수면 위에 떠 있는 잎을 말한다. 부수엽이 붙어 있는 마름 줄기는 광합성을 원활히 하기 때문에 영양 번식을 할 수 있다.

증도의 함초 밭

변비와 건강에 좋은
퉁퉁마디(함초)

명아주과 염생·한해살이풀   *Salicornia europaea*   꽃 : 8~9월   높이 : 30cm

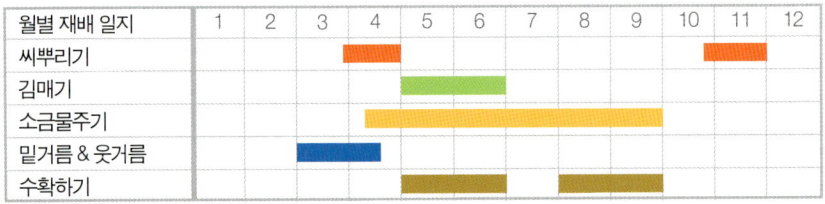

월별 재배 일지	1	2	3	4	5	6	7	8	9	10	11	12
씨뿌리기				■							■	
김매기					■	■						
소금물주기					■	■	■	■	■			
밑거름 & 웃거름			■	■								
수확하기						■		■	■			

 퉁퉁마디는 우리나라와 북한, 중국, 카자흐스탄, 영국, 서유럽의 바닷가 염습지, 백사장, 소금기가 있는 도랑에서 자생하는 염생 식물이다. 일반적으로 바다로 둘러싸여 있는 염습지나 바닷물이 오고 가는 하구, 도랑 일대에서 자라기 때문에 바닷가와 접한 습지에서

함초 잎

통통마디를 재배한다. 우리나라에서는 순천과 신안 도서 지역, 중국은 화북 평원의 황하강 하구 지역에서 함초를 많이 재배한다.

함초는 우리나라의 동해안, 서해안, 남해안 각지에서 자생한다. 높이 30cm로 자라는 키 작은 풀이지만 땅속 뿌리는 목본처럼 딱딱하고 질기다. 줄기는 원주형이고 다육질이다. 보통 줄기 하단부에서 잔가지가 1~2회 갈라진 뒤 마름포 형태로 위를 향해 자란다. 줄기는 여름에 녹색이었다가 가을에 홍자색으로 변한다. 함초는 잎이 없고 막질의 비늘 조각이 있다.

꽃은 8~9월에 피는데 잔가지의 상부 오목한 곳에서 아주 작은 크기로 달려 식별이 어렵다. 8~9월이 되면 함초의 잔가지 상부에 흰색 티끌이 많이 붙어 있는데 그것이 함초의 꽃이다.

10월에 결실을 맺는 열매는 납작한 달걀 모양이고 흑자색이다. 통통마디란 명칭은 줄기가 통통하다고 해서 붙은 이름으로 보인다. 우리나라에서는 신안 일대 도서 지역의 버려진 염습지에서 함초를 재배하는 농가가 많다.

함초 어린 뿌리

함초 전초

함초 줄기

이용 방법
7~9월에 수확하되 꽃이 개화하기 전, 줄기가 녹색일 때 채취한다. 뿌리는 질기기 때문에 가위로 지상부만 채취한다.

약용 및 효능
변비에 좋은 약초로 유명하지만 항암, 축농증, 관절염, 고혈압, 저혈압, 요통, 비만, 치질, 당뇨, 갑상선염, 천식, 기관지염, 노화예방에 유효한 성분이 함유되어 있다. 일반적으로 변비 및 면역력 강화를 위해 약용한다.

재배 환경
용기 재배
수경(양액) 재배
베란다 텃밭
노지(옥상) 텃밭

토양
염분 성분이 있는 토양에서 재배하거나 바닷물이 드나드는 바다 또는 하구와 접한 땅에서 재배한다. 하우스 재배 가능. 수심 0~10cm.

파종
10월 초에 종자를 채종한 뒤 이듬해 3월 중순~4월 중순에 파종한다. 종자를 물에 불린 뒤 모래 또는 톱밥과 섞어 흩어뿌림으로 파종한 뒤 바람에 날아가지 않도록 얇게 복토한다.

모종
종자는 소금기 없는 물에서도 발아하는데 보통 20여 일 뒤 발아한다.
이식할 경우 모종이 10~15cm 높이로 자랐을 때 이식한다.

관리
높이 5cm로 자랐을 때 김매기를 한다. 밀식된 함초는 솎아낸다. 소금기가 부족한 밭은 염도 2도의 소금물을 함초 잎에 자주 뿌려준다.

비료
함초 밭은 물미나리 밭과 비슷한 웅덩이 형태로 만들고 밭을 갈 때 유기질 비료와 퇴비를 준다. 함초 역시 웃걸음을 주면 잘 자란다.

수확
7~9월에 함초 줄기를 수확하여 건조시킨 후 가루나 환으로 가공한다.
나물 및 주스용 함초 줄기는 5~6월에 수확한다.

병충해 & 그 외 파종 정보
하우스 시설에서 인공광으로 재배할 경우 1월에 파종하면 4~6월 수확, 8월에 파종하면 10~11월에 수확할 수 있다. 노지 재배 시 가을 파종도 가능하지만 다른 염생 잡초와의 경쟁에서 밀려 출하량이 적다.

06 목본 약용 식물 작물

마가목 꽃

신체가 허약한 사람에게 좋은
마가목

장미과 낙엽활엽소교 Sorbus commixta 꽃 : 5~6월 높이 : 6~10m

월별 재배 일지	1	2	3	4	5	6	7	8	9	10	11	12
씨뿌리기			■	■								
아주심기			■	■	■				■	■	■	
김매기					■	■	■					
밑거름 & 웃거름		■	■	■								
수확하기								■	■	■	■	

 마가목은 경상도, 울릉도, 제주도, 러시아, 일본 등에서 자생한다. 강원도와 내륙 지역의 산에서 자생하는 마가목은 품종이 조금 다른 마가목이다. 마가목 품종 중에서 마가목과 당마가목은 한방에서 동일 약재로 취급한다.

마가목 열매

    일반적으로 알려진 마가목은 꽃대, 잎, 1년생 가지에 털이 없다. 마가목은 꽃대, 꽃받침, 잎, 1년생 가지에 털의 유무에 따라 품종이 달라지므로 반드시 털의 유무를 확인하면 좋다.
    일반적으로 울릉도에서 자생하는 마가목이 정품 마가목이다. 뿌리에서 올라온 원줄기는 높이 6~10m로 자란다.
    잎은 어긋나고 홀수깃꼴겹잎이고 소엽은 9~13개로 이루어져 있다. 잎의 양면과 잎자루에 털이 없고 털이 있는 경우에는 다른 마가목으로 본다.
    꽃은 5~7월에 복산방꽃차례로 핀다. 꽃자루, 꽃받침에 털이 없고 털이 있는 것은 다른 품종의 마가목으로 본다.
    마가목의 열매는 빠르면 5월부터 달리고 9~10월경 붉은색으로 결실을 맺는다.
    동일 약재로 취급하는 '당마가목'은 중부 이북의 산에서 자생한

마가목 수피

마가목 잎

다. 당마가목은 꽃자루와 잎에 털이 있거나 없기 때문에 구별이 어려운데, 꽃받침에 털이 있고 작은 잎이 13~15개일 경우 당마가목으로 본다.

마가목 수형

이용 방법
마가목, 당마가목, 산마가목의 줄기 껍질을 수확하거나 종자를 수확해 약용한다. 열매는 차나 술로 담근다. 이들 세 품종은 동일 약재로 취급한다.

약용 및 효능
강장, 오한, 기침, 요슬통, 신체허약, 백발, 기관지염, 위염에 약용한다. 12~24g을 달여 복용한다.

재배 환경

용기 재배
수경(양액) 재배
베란다 텃밭
노지(옥상) 텃밭

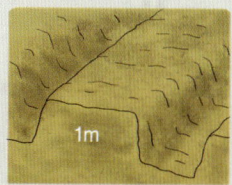
토양
비옥하고 조금 촉촉한 사질 양토에서 잘 자란다. 텃밭 한쪽 편에 심어도 된다. 식재 간격 3~5m.

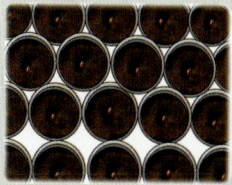
파종
가을에 채종한 종자를 음건한 뒤 이듬해 3~4월 초 묘판에 파종하기 전 2개월간 저온 처리 후 파종한다.

모종
5월에 숙지, 7월에 녹지를 발근 촉진제에 6시간 침지한 뒤 삽목해도 뿌리를 내린다. 노지 이식은 3~4월, 10~11월에 한다.

관리
초기 3~4년은 김매기를 열심히 해준다.

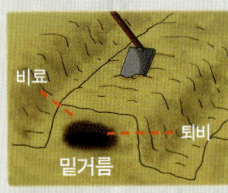

비료
20~30일 전에 유기질 비료와 퇴비 등을 주고 밭두둑을 만든다. 웃거름은 상태를 보아가며 준다. 묘목을 식재한 경우 웃거름을 준다.

수확
수피는 필요한 경우, 열매는 가을에 수확한다.

병충해 & 그 외 파종 정보
삽목은 뿌리가 약하므로 보통 종자로 번식한다.

두충 꽃

간과 고혈압에 좋은
두충

두충과 낙엽활엽교목 *Eucommia ulmoides* 꽃 : 5월 높이 : 15m

월별 재배 일지	1	2	3	4	5	6	7	8	9	10	11	12
씨뿌리기			■									
아주심기				■	■							
김매기					■	■	■					
밑거름 & 웃거름	■	■	■							■	■	
수확하기					■	■						

    중국 원산의 두충은 1926년 우리나라에 도입된 뒤 약용수로 재배되어 왔다. 중국에서 50가지의 근본 약초에 해당하는 두충은 가지, 잎, 수피를 자르면 점액질이 나온다. 원산지인 중국에서는 주로 300~500cm의 낮은 산에서 자생한다. 잎의 모양이 특이하기 때문

두충 열매

에 쉽게 알아볼 수 있는 나무이다.

두충의 원줄기는 높이 15m로 자란다. 어린 줄기의 수피는 맨들맨들하지만 고목이 되면 수피가 거북이 등처럼 갈라진다.

잎은 어긋나고 잎의 모양은 긴타원형~타원형이다. 잎의 표면의 잎맥과 잎백 사이에 쪼글쪼글한 무늬가 있어 잎 모양을 보면 두충나무임을 쉽게 알아볼 수 있다.

꽃은 암수딴그루로서 5월에 개화를 하는데, 암꽃과 수꽃 모두 꽃잎이 없다.

10~11월에 결실하는 열매는 긴 타원형의 납작한 모양이고 자르면 고무질 같은 실이 나온다.

두충의 어린 나무는 길쭉하고 연약하지만 성목이 되면 우람한 수형을 자랑한다.

두충 수형

두충 수피 두충 잎

이용 방법
8~12년 이상 자란 고목에서 수피를 채취하되 4~6월에 채취한 뒤 안쪽 껍질만 약용한다. 어린 잎은 봄에 수확한다.

약용 및 효능
수피와 어린 잎을 약용하면 간, 신장을 보하고 진통, 이뇨, 마비, 고혈압, 발기부전에 좋고 뼈를 튼튼하게 한다. 9~15g을 달여 복용한다.

재배 환경

용기 재배
수경(양액) 재배
베란다 텃밭
노지(옥상) 텃밭

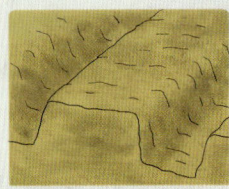

토양
비옥한 사질 양토에서 잘 자란다. 텃밭 한쪽 편에 심어도 된다. 식재 간격 3~6m.

파종
10월 하순에 채종한 종자를 1개월 내 노천 매장한 뒤 이듬해 3월~4월 초에 파종하여 1cm 높이로 복토한다. 가을에 파종하려면 11월에 온실에서 파종한다.

삽목
6~7월에 녹지로 삽목하면 어느 정도 발근이 되지만 발근율이 높은 편은 아니다. 묘목의 노지 이식은 3~4월에 한다.

관리
초기 3~4년은 봄에 김매기를 한다.

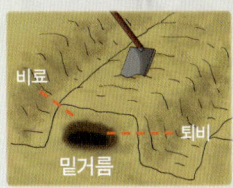

비료
20~30일 전 유기질 비료와 퇴비 등을 주고 밭두둑을 만든다. 처음 웃거름은 6월 중순에 주고, 매년 봄과 늦가을에 웃거름을 준다.

수확
약용 수확은 파종 후 8~10년 후부터 할 수 있다. 봄에 튼튼한 새 가지를 후계 가지로 남기고 오래된 가지부터 교차 수확한다.

제천의 두충 밭

병충해 & 그 외 파종 정보
두충은 잎, 줄기, 열매를 자르면 고무질 같은 즙이 나온다.

가시오갈피 꽃

노인 쇠약, 발기부전에 좋은
가시오갈피

두릅나무과 낙엽활엽관목   Eleutherococcus senticosus   꽃 : 7월   높이 : 3m

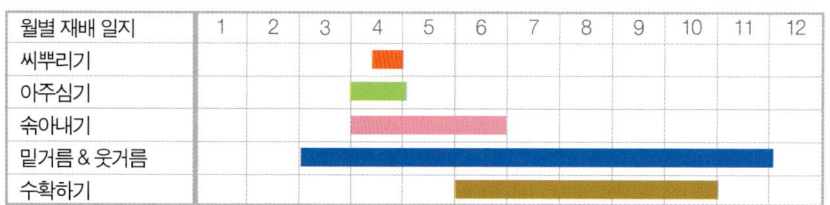

월별 재배 일지	1	2	3	4	5	6	7	8	9	10	11	12
씨뿌리기												
아주심기												
솎아내기												
밑거름 & 웃거름												
수확하기												

　　오갈피나무와 비슷한 효능을 가진 가시오갈피는 우리나라의 경기 이북 지방과 중국, 블라디보스톡, 일본에서 자생한다. 잎의 모양은 오갈피나무와 비슷한 손바닥 모양이다. 꽃 모양은 오갈피나무와 다르고 줄기에 긴 가시가 있는 점도 오갈피나무와 다르다. 한방에서는

가시오갈피 열매

둘 다 동일 약재로 취급하지만 민간에서는 가시오갈피 약재를 더 높이 쳐준다.

가시오갈피의 땅속 뿌리는 길고 제멋대로 사방으로 퍼져 자란다. 원줄기는 높이 2~3m로 자라고 줄기 표면에는 긴 가시가 있다.

잎은 어긋나며 손바닥 모양이고 보통 5장의 작은 잎으로 되어 있다. 잎자루에는 가시가 산재해 있고 어린 잎은 뒷면 맥에 털이 있다.

꽃은 7~8월에 피는데 꽃자루 끝에서 자잘한 꽃들이 둥글게 모여 달린다. 꽃의 색상은 노란빛이 돌거나 보랏빛이 돈다. 꽃잎은 5개이고 암술머리도 5개로 갈라진다.

가시오갈피의 열매는 10월에 검정색으로 결실을 맺는다.

지금의 가시오갈피는 전국에 약 30곳의 자생지가 남아 있다. 오갈피나무에 비해 효능이 좋다는 소문 때문에 무단으로 굴취하는 사람들이 많다고 한다. 만일 재배를 한다면 오갈피나무보다는 가시오갈피를 재배하는 것이 좋다.

가시오갈피 어린 잎

가시오갈피 가시

가시오갈피 전초

가시오갈피 텃밭

이용 방법
여름~가을에 뿌리를 캔 뒤 뿌리껍질을 햇볕에 말린 뒤 약용한다. 어린 잎은 봄에 수확한 뒤 나물로 먹고, 약용 잎은 필요할 때 채취하는데 약용 및 효능이 뿌리에 비해 못하다.

약용 및 효능
뿌리껍질을 강장, 진통, 항염, 관절염, 발기부전, 갱년기, 노인들의 쇠약 증세에 4.5~9g씩 달여 복용한다. 뿌리껍질로 술을 담가 마시면 자양강장에 좋다. 흔히 인삼보다 좋은 약이라고 소문나 있다. 건조시킨 잎은 차로 우려 마시면 좋다.

재배 환경

용기 재배
수경(양액) 재배
베란다 텃밭
노지(옥상) 텃밭

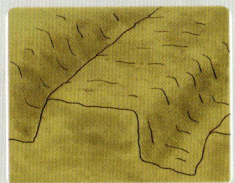
토양
비옥하고 조금 촉촉하고 그늘진 장소에서 잘 자란다. 식재 간격 2m. 오염에 약하므로 도로변 식재는 피한다. 텃밭 울타리를 겸해 심어도 된다.

파종
가을에 채종한 종자를 즉시 직파하거나 2년간 노천 매장한 뒤 4월 중하순에 노지 파종한다. 발아 속도가 매우 느려 일부는 1~2년 뒤에 발아할 수도 있다.

모종
7~8월에 30cm 길이로 삽수를 준비한 후 온탕에 12시간 침지한 뒤 그늘에서 삽목하면 평균 50일 뒤에는 25%가 뿌리를 내린다. 1년간 육묘한 묘목은 4월에 이식한다.

관리
초기 몇 년은 김매기를 자주 해준다. 양지바른 곳이면 햇빛을 50% 차광한다. 이른 봄과 늦가을에 가지치기를 한다.

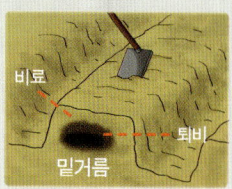

비료
20~30일 전에 유기질 비료와 퇴비 등을 주고 밭두둑을 만든다. 웃거름은 연 2회 나누어서 준다. 묘목을 식재한 경우 웃거름을 준다.

수확
본밭에 심은 2년차 여름~가을에 뿌리를 수확한다.

병충해 & 그 외 파종 정보
가시오갈피는 종자 번식 및 삽목 번식 둘 다 시간이 많이 걸리는 식물이다. 인터넷 가시오갈피 농장에서 묘목을 구입해 재배하는 것도 생각해 볼 만하다.

종자 발아 속도 및 발아율을 50%대로 높이려면 150일간 15도 온도에서 습윤 처리하여 60일간 저온 처리를 한 뒤 파종해야 한다.

음나무 꽃

혈액 순환, 관절통에 좋은
음나무

두릅나무과 낙엽활엽교목   Kalopanax septemlobus   꽃 : 7월   높이 : 20m

월별 재배 일지	1	2	3	4	5	6	7	8	9	10	11	12
씨뿌리기			■							■		
뿌리꽂이				■								
아주심기					■							
밑거름 & 웃거름			■				■					
수확하기				■								

　음나무는 극동 3국에서 자생하는 약용 식물이다. 국내에서는 음나무라는 정명보다는 '엄나무'라는 이름으로 더 많이 알려져 있다. 자생지를 파악하면 해수면과 가까운 곳에서 해발 2,500m 지점까지 음나무가 발견되는 것을 알 수 있다. 그만큼 어느 장소에서건 무난

음나무 순

하게 자라는 나무로 보인다. 국내에서는 약용 작물이자 공원 조경수로 인기 있다.

음나무의 원줄기는 높이 25m로 자라고 잔가지가 많이 달린다. 줄기에는 날카로운 가시가 있지만 이 가시는 성장하면 없어진다.

잎은 어긋나고 가장자리가 5~9개로 갈라져 손바닥 모양이 된다. 잎자루의 길이는 10~30cm이므로 잎자루가 긴 잎은 흡사 부채만한 크기를 가졌다.

꽃은 8월에 개화하는데 긴 꽃자루에서 자잘한 꽃들이 둥글게 모여서 핀다. 꽃잎, 꽃받침, 수술은 각각 5개이다.

9월 말~10월에 결실을 맺는 열매는 둥근 모양이고 열매 안에는 평균 2~3개의 종자가 들어 있다. 종자는 납작하게 찌그러놓은 콩 모양을 가졌다.

강원도 중산간 지대에 가면 음나무 농장이 많은데 대개 이른 봄 음나무 순을 수확하는 농장들이다. 이른 봄 수확한 음나무 순은 시장에서 '개두릅'이라는 나물로 판매된다.

음나무 수형

음나무 잎

음나무 수피

음나무 열매

이용 방법
4월 초에 음나무 순을 수확해 나물로 출하를 한다. 참두릅에 비해 높은 가격을 받을 수는 없지만 봄 입맛을 자극하는 인기 있는 나물로 가정 주부들의 사랑을 받고 있다. 음나무 수피는 연중, 음나무 근피는 8~9월에 수확한 뒤 햇볕에 건조시키고 약용한다. 음나무는 특성상 어렸을 때는 그늘을 좋아하고 성목이 되면 양지를 좋아한다.

약용 및 효능
음나무 줄기의 속껍질과 뿌리껍질은 근육통, 관절염, 마비, 피부염, 구내염, 타박상, 항균, 혈액순환, 오한, 거담에 효능이 있다. 보통 9~15g을 달여 복용한다. 피부 질환에는 잎을 우려서 바르거나 살충제로 사용한다.

재배 환경
용기 재배
수경(양액) 재배
베란다 텃밭
노지(옥상) 텃밭

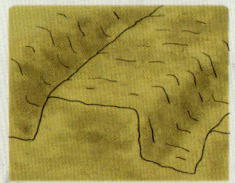
토양
비옥토를 좋아하고 건조에는 약하다. 해발 1천미터 이하 전국 어디에서든 재배할 수 있다. 나물 수확용 식재 간격 1~1.5m 권장. 관상용 식재 간격 4m 이상.

파종
10월 초순 전후 완숙 직전에 종자 채종. 가을 파종은 바로 직파하면 된다. 또는 가매장한 뒤 습층 처리하고 이듬해 3월 초중순 모판에 파종한다.

근삽
늦가을에 뿌리를 15~20cm로 채취한 뒤 밭에 가매장하고 습층 처리한 뒤 이듬해 3월 하순~4월 중순 모판에 삽목하면 싹이 올라온다.

관리
육묘할 때 차광막을 설치하고 아침 저녁에 햇볕을 쪼여준다.
본잎이 4~5매일 때 본밭에 이식하는데 보통 발아 후 50~60일 후이다.

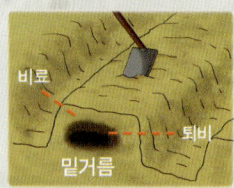

비료
20~30일 전에 유기질 비료와 퇴비 등을 주고 밭두둑을 만든다. 매년 웃거름은 3월과 묘판에서 육묘할 때 10일 간격으로 액비를 잎에 뿌려준다. 7월 초에 준다.

수확
1~2년차는 가지치기를 하여 잔가지가 많이 생기도록 수형을 유도한다. 잔가지가 많아지면 새 순 수확량이 많아진다. 2~3년차 4월 초 전후 음나무 순을 수확한 뒤 시장에 출하한다.

인제의 음나무 밭

양양의 음나무 밭

병충해 & 그 외 파종 정보
1년생 묘목이 생기면 녹지삽으로 개체를 늘려갈 수 있는데 1년생 묘목에서 얻은 삽수는 평균 50%의 좋은 발근율을 보인다. 1~4년생 나무는 매년 겨울 동해 방지 처리를 한다.

두릅나무 꽃

정력에 좋은
두릅나무

두릅나무과 낙엽활엽관목 Aralia elata 꽃 : 7~8월 높이 : 2~4m

월별 재배 일지	1	2	3	4	5	6	7	8	9	10	11	12
씨뿌리기				■								
근삽				■	■							
분주				■								
밑거름 & 웃거름			■	■	■		■	■				
수확하기			■	■	■							

    두릅나무 줄기 순을 '두릅'이라 부르며 봄철에 나물로 먹는다. 두릅나물 중에서는 가장 맛있는 나물이다. 독활 새순과 구별하기 위해 독활 새순은 '땅두릅', 두릅나무 '새순'은 두릅이라고 말한다. 시장에서 봄철에 볼 수 있는 두릅과 비슷한 나물은 독활의 새순인 '땅두

두릅나무 잎

릅' 외에 땅두릅나무 새순, 참중나무 새순, 음나무 새순이 있는데 이 중 두릅나무 새순이 가장 맛나다.

두릅나무는 높이 3~4m로 자라고 수형도 꽤 아름답다. 그러나 나물 채취용 두릅나무는 일반적으로 작은 키로 재배한다.

두릅나무의 줄기는 어렸을때는 날카로운 가지가 있지만 성목이 되면 점점 사라지고 어린 줄기와 잎자루에만 가시가 남아 있다. 특히 잎자루 밑으로 달리는 가시는 길고 매우 날카롭기 때문에 새순 수확시 찔리지 않도록 주의해야 한다.

잎은 어긋나고 2회홀수깃꼴겹 모양이다. 잎의 가장자리에는 큰 톱니가 있고 뒷면은 회색, 맥 위에 털이 있다.

7~8월에 피는 꽃은 복총상꽃차례로 달리고 꽃의 색상은 흰색~연록색이다.

열매는 10월 상순 전후에 검정색으로 결실을 맺는다. 열매 안에는 1개의 종자가 들어 있다.

두릅나무 가시

두릅나무 거목 수형

두릅나무 수피

땃두릅나무

이용 방법
봄에 새 순을 수확해 시장에 출하한다. 근피는 봄에 수확해 햇볕에 말린 뒤 약용한다.

약용 및 효능
두릅나무의 근피를 '총목피'라고 부르며 약용한다. 혈액순환, 오한, 강정, 소염, 이뇨, 정력증진, 관절염, 신염, 만성간염, 위장병, 당뇨에 좋은 성분이 있다. 건조시킨 것은 15~30g을, 신선한 것은 30~60g을 달여서 복용한다.

재배 환경
- 용기 재배
- 수경(양액) 재배
- 베란다 텃밭
- 노지(옥상) 텃밭

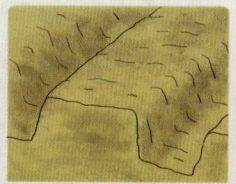

토양
부식질의 비옥토에서 잘 자란다. 나물 수확용 식재 간격은 60~70cm. 관상용 식재 간격은 2~4m.

파종
10월 상순 전후에 종자를 채종하여 노천 매장한 뒤 이듬해 4월에 줄뿌리기로 파종한다. 종자 발아율은 34% 내외이다.

삽목
일반적으로 뿌리꽂이, 분주로 번식한다. 3년생 두릅나무 뿌리에서 굵기 6mm 뿌리를 10cm 길이로 채취해 3월 상순~5월 상순에 근삽한다.

관리
새순 수확이 용이하도록 높이 1.5~2m 이내로 관리한다. 수확 후 4개 정도의 가지만 남기고 가지치기를 하면 된다.

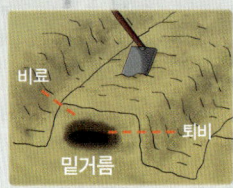

비료
20~30일 전에 유기질 비료와 퇴비 등을 주고 밭두둑을 만든다. 웃거름은 조금씩 자주 준다. 묘목을 식재한 경우 웃거름을 준다.

수확
하우스 재배는 1월부터, 노지 재배는 4월부터 두릅의 새순을 수확해 시장에 출하한다.

두릅나무 줄기 순

수락산의 두릅나무 텃밭

병충해 & 그 외 파종 정보
3~4년 뒤 뿌리에서 올라온 싹이 보이면 제때 솎아주어야 한다. 그렇지 않으면 자라고 있는 두릅나무가 세력을 잃는다.

산수유 꽃

발기부전에 좋은
산수유

층층나무과 낙엽활엽소교목　*Cornus officinalis*　꽃 : 3~4월　높이 : 3~7m

월별 재배 일지	1	2	3	4	5	6	7	8	9	10	11	12
씨뿌리기			■									
아주심기					■					■		
녹지삽						■	■					
밑거름 & 웃거름				■			■					
수확하기								■	■			

　산수유는 중국 원산의 약용 식물로 알려져 있었으나 광릉 자생지가 발견되어 지금은 국내 자생종으로 취급한다. 가을에 빨갛게 익는 열매를 산수유라고 하며 약용하는데, 정력에 좋다고 하여 소문난 나무이다. 국내에서는 지리산 일대에 재배 단지가 많고 공원수로 흔히

식재한다. 산수유와 잎 모양이 비슷한 나무로는 층층나무와 말채나무가 있다.

산수유의 줄기는 높이 7m로 자란다. 수피는 매끈하거나 울퉁불퉁하고 껍질이 저절로 벗겨진다.

잎은 마주나고 잎의 표면에는 특이한 모양의 잎맥이 있다. 산수유

산수유 수형

산수유 수피

산수유 열매

산수유나무 잎

잎과 잎맥 모양이 비슷한 나무는 말채나무와 층층나무가 있으므로 보통은 잎맥 수와 수피 모양을 관찰해 구별한다.

산수유의 꽃은 4~5월에 잎보다 먼저 개화를 한다. 노란색의 꽃이 산방상꽃차례로 달리는데 꽃잎은 넓은 피침형이고 꽃잎 수는 4개, 수술도 4개이다.

열매는 작은 대추 모양이고 9~10월에 붉은색으로 성숙한다.

중국 자생지에서의 산수유나무는 해발 400~2,100m 사이에서 자라고 있으므로 국내에서는 강원도 내륙에서도 잘 자란다. 재배할 만한 텃밭이 없을 경우에는 펜션이나 주택 조경수로 심어 볼 만한 인기 있는 나무이다. 공해에는 약하므로 도로변에 인접해 식재하지 않고 주택이나 펜션 안쪽에 식재한다.

이용 방법
9~10월에 열매가 붉은색으로 익었을 때 수확한 뒤 약용하거나 조리해서 먹는다. 산수유 열매에는 평균 8% 이상의 설탕이 들어 있다. 번식용 종자는 10월에 열매가 붉은색으로 완전히 완숙한 열매에서 채종해야 하는데 채종 후 과실을 깨끗이 세척하고 종자만 채취한 뒤 즉시 노천 매장한다.

약용 및 효능
산수유 열매에는 간, 신장, 빈뇨, 관절염, 요통, 무릎통, 당뇨, 발기부전, 현기증에 좋은 성분이 함유되어 있다.

재배 환경
용기 재배
수경(양액) 재배
베란다 텃밭
노지(옥상) 텃밭

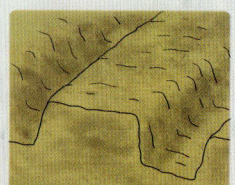
토양
부식질의 비옥토에서 잘 자란다. 묘목을 아주 심을 때의 식재 간격은 3~5m.

파종
가을에 채종한 종자를 2년간 노천 매장한 뒤 춘분 전후에 묘판에 파종하고 3~4cm 높이로 복토한다. 평균 40~50여 일 뒤 싹이 올라온다.

모종
녹지삽은 6~7월에 삽목하는데 발근율이 저조하다. 묘목 이식은 4월과 10월에 한다.

관리
열매가 많이 열리게 하려면 잔가지가 많아야 하므로 주간 위주로 바짝 쳐서 곁가지가 많이 나오도록 가지치기를 한다.

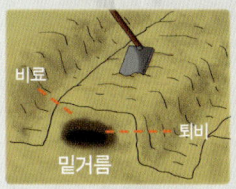

비료
파종 1개월 전 유기질 비료와 퇴비 등을 주고 밭두둑을 만든다. 웃거름은 6월에 준다. 묘목을 식재한 경우 웃거름을 준다.

수확
산수유나무는 발아 후 4~5년차부터 꽃이 조금씩 개화한다. 열매 수확은 7~8년차부터 시작할 수 있는데 그 후 60~80년 동안 할 수 있다.

병충해 & 그 외 파종 정보
산수유는 종자 발아에 2년이 소요되는 나무이므로 종자를 채종한 뒤에는 다양한 방식을 검토한 뒤 가장 발아율이 높은 방법으로 종자를 보관 처리해야 한다.

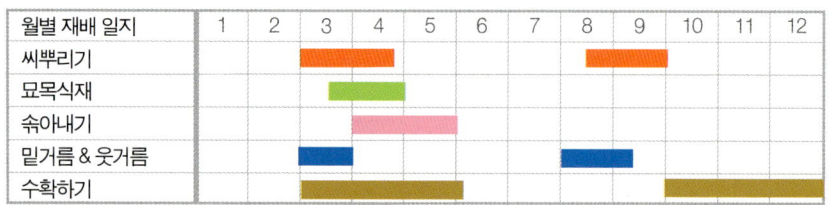

산겨릅나무 꽃

간장과 신장에 좋은
산겨릅나무(산청목, 벌나무)

단풍나무과 낙엽활엽소교목 Acer tegmentosum 꽃 : 4~5월 높이 : 15m

월별 재배 일지	1	2	3	4	5	6	7	8	9	10	11	12
씨뿌리기			■	■				■	■			
묘목식재				■	■							
솎아내기					■	■						
밑거름 & 웃거름			■	■				■	■			
수확하기				■	■	■	■			■	■	■

　　산겨릅나무는 우리나라와 중국, 극동러시아에서 자생하는 단풍나무과 식물이다. 약재 시장에서는 '벌나무' 또는 '산청목'이라는 이름으로 유통되는 유명한 약용 나무이다. 자생지 환경을 분석하면 일반적으로 해발 500~1,100m 지역에서 자생하는데 주로 침엽수나 혼

합림의 숲 가장자리에서 볼 수 있다. 국내에서는 경북, 강원도, 북한, 백두산에서 자생한다. 남한산 산겨릅나무는 약용 목적으로 무단 벌채하는 사람이 많아 거의 고갈된 상태라고 한다.

산겨릅나무 잎

 산겨릅나무의 원줄기는 높이 15m로 자란다. 어린 가지는 수피 색상이 녹색, 보라색, 자주색, 황색이지만 성숙한 수피는 회갈색이 되고 세로로 갈라진다.

 잎은 마주나는데 일반적으로 같은 위치에서 2개의 잎이 나오면서 쌍둥이 잎이 V자 형태로 달린다. 잎의 모양은 하트 모양~가장자리가 3~7갈래로 가진 잎이 있는데 보통은 3~5갈래로 갈라져 다소 우둔한 단풍잎처럼 보인다.

 꽃은 암수한그루이거나 암수딴그루이고 4~5월 중순에 총상꽃차례로 20개 내외의 꽃이 꼬리 모양처럼 달린다.

 열매는 날개가 있고 9월에 결실을 맺는다.

 산겨릅나무의 유사종으로는 개산겨릅나무(일본산겨릅나무)가 있는데 거의 비슷한 모양을 가졌다.

산겨릅나무

산겨릅나무 열매

산겨릅나무 어린 가지

이용 방법
봄 또는 가을에 수피를 채취한 뒤 햇볕에 말려 약용한다. 국내 자생종 중에서 산겨릅나무와 잎 모양이 비슷한 나무로 '청시닥나무'와 '부게꽃나무'가 있는데 이 나무는 약용 나무로 알려지지 않아 깊은 산에서 더러 보인다. '이노리나무'도 산겨릅나무와 잎 모양이 비슷하지만 이 노리나무는 설악산과 북한에서 자생한다. 산청목은 일반적으로 깊은 산 계곡 주변의 경사진 사면에서 보인다.

약용 및 효능
종기, 지혈에 외용하면 효능이 있다. 민간에서는 백혈병, 간암, 간경화, 숙취에 약용하는데 최근 연구에 의하면 간암, 숙취에 특히 좋은 것으로 알려졌다. 물에 끓여서 차를 마시듯 음용한다.

재배 환경
용기 재배
수경(양액) 재배
베란다 텃밭
노지(옥상) 텃밭

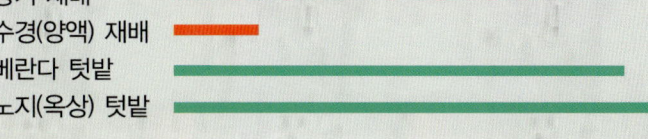

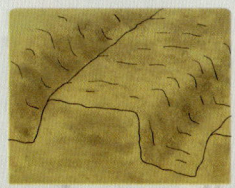
토양
부식질의 촉촉한 비옥토에서 잘 자란다. 재배 수확용 식재 간격은 1.5m로 하고 관상용 식재 간격은 4~5m로 한다.

파종
8월 말~9월에 종자를 채종한 뒤 직파한다. 또는 살균한 뒤 노천 매장 후 이듬해 3~4월에 파종한다.

모종
3월 중순~4월 중순에 산겨릅나무(산청목) 재배 농가에서 묘목을 구입해 식재한다.

관리
반그늘에서 잘 자라므로 육묘할 때는 때에 따라 반차광을 해준다.

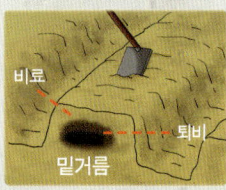

비료
파종 1개월 전에 유기질 비료와 퇴비 등을 주고 밭두둑을 만든다. 웃거름은 1년에 2회 준다. 묘목을 식재한 경우 웃거름을 준다.

수확
봄 또는 가을에 수피를 수확한다.

병충해 & 그 외 파종 정보
산겨릅나무 잎은 부게꽃나무 잎과 크기는 물론 모양새가 가장 많이 닮았다. 산겨릅나무는 해발 500~1,100m, 부게꽃나무는 1,000~1,600m 지대에서 볼 수 있다.

산겨릅나무와 잎 모양이 비슷한 나무들

부게꽃나무 꽃

부게꽃나무 잎

청시닥나무 꽃

청시닥나무 잎

이노리나무 꽃

이노리나무 잎

뽕나무·산뽕나무 꽃

당뇨, 혈액 순환, 불면증에 좋은
뽕나무 & 산뽕나무

뽕나무과 낙엽활엽관목·교목　Morus alba　꽃 : 5월　높이 : 3m

월별 재배 일지	1	2	3	4	5	6	7	8	9	10	11	12
씨뿌리기					■	■						
녹지삽					■							
솎음&김매기						■	■					
밑거름 & 웃거름				■	■	■	■					
수확하기					■	■	■					

　누에에게 식량을 대기 위해 키우던 뽕나무가 요즘은 약용 나무로 각광을 받는다. 뽕나무나 산뽕나무나 우리나라 전역에서 자생한다. 외관으로는 구별하기 어려운데 뽕나무에 비해 산뽕나무 잎과 수형이 전반적으로 더 크다. 일반적으로 밭에서 재배하는 것은 뽕나무,

깊은 산에서 볼 수 있는 것은 산뽕나무라고 생각하면 된다. 약용할 경우 뽕나무와 산뽕나무를 같은 약재로 취급한다.

뽕나무는 높이 3m 내외로 자라고 산뽕나무는 높이 7m 내외로 자란다. 뽕나무 잎은 어긋나고 긴 타원형~난상원형으로 가장자리가 3~5개로 갈라지도 한다. 잎의 가장자리에는 둔한 톱니가 있다. 뒷면 맥과 잎자루에 잔털이 있다.

뽕나무 수형

뽕나무 꽃은 암수딴그루이고 5월에 잎이 돋아날 때 함께 개화한다.

뽕나무 열매는 오디라고 부른다. 열매의 생김새는 산딸기 열매와 비슷하다. 6~7월에 빨간색으로 성숙한다. 뽕나무 열매는 암술대가 산뽕나무 열매에 비해 더 짧게 남아 있다고도 한다.

뽕나무 종류는 일반적으로 공해, 햇볕, 가뭄에 약하지만 내조성은 강한 편이다. 봄이면 어린 잎을 수확해 나물로 무쳐먹으면 먹을 만하므로 텃밭 주변에 심어 보는 것도 생각해 볼 만하다.

뽕나무 잎

뽕나무 수피

이용 방법
4~5월 초에 어린 잎을 수확해 나물로 무쳐먹는다. 열매는 빠르면 5월 말부터 빨간색으로 익고 6월 중순 전후에 검정색로 익으면 수확한 뒤 딸기처럼 식용하거나 술을 담가 먹는다. 연중 필요할 때 잎과 잔가지를 약용하되 11월에는 잎과 잔가지가 시들고 사라지기 때문에 뿌리를 약용한다.

약용 및 효능
오한, 두통, 혈액순환, 담마진, 부종, 빈뇨, 종기, 혈압, 당뇨, 불면증에 효능이 있고 신장과 간에 좋다.

재배 환경
용기 재배
수경(양액) 재배
베란다 텃밭
노지(옥상) 텃밭

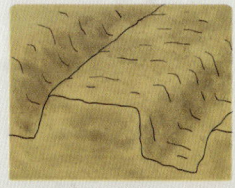
토양
비옥한 양토에서 잘 자란다. 묘목을 아주 심을 때의 식재 간격은 2.5m.

파종
6월 중 채종한 종자를 6월 중하순에 노지에 줄뿌림으로 파종. 3cm 높이로 복토하고 물을 잘 관수하면 2주일 내 발아. 1년간 육묘한 뒤 봄에 뽕밭에 이식한다.

모종
6월 초 전후에 녹지를 삽수로 준비하여 발근 촉진제에 침지한 뒤 노지 또는 묘판에 삽목한다.

관리
수확이 끝난 6월 말 전후 10~15개의 가지만 남기고 가지치기 하면 잔가지가 많아져 열매가 더 많이 달리게 된다.

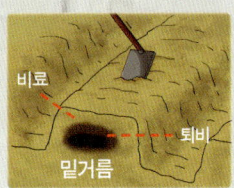

비료
20~30일 전에 유기질 비료와 퇴비 등을 주고 밭두둑을 만든다.
매년 봄에 웃거름을 듬뿍 주고 열매 수확 후 다시 웃거름을 준다.

수확
어린 잎은 봄에 수확해 나물로 먹고 열매는 6월에 수확해 시장에 출하한다. 뿌리는 11월에 채취해 약용한다.

제천의 뽕나무 밭(삽목 번식)

병충해 & 그 외 파종 정보
약초 대부분은 씨앗을 파종한 뒤 흙을 얇게 복토하고 그 위에 볏짚을 덮어 수분의 증발을 막고 발아할 때까지 물을 촉촉히 관수하고 발아를 하면 볏짚을 걷어낸다.

느릅나무 꽃

비염, 위암에 사용하는
느릅나무(유근피)

느릅나무과 낙엽활엽교목 Ulmus davidiana 꽃 : 3~5월 높이 : 30m

월별 재배 일지	1	2	3	4	5	6	7	8	9	10	11	12
씨뿌리기						■						
아주심기					■							
반숙지삽				■	■							
밑거름 & 웃거름					■	■						
수확하기				■	■	■		■	■	■		

　느릅나무는 국내뿐 아니라 세계적으로 유사종이 많은 나무이다. 이 때문에 국내 조경 시장에는 미국느릅나무가 폭넓게 출하되고 있다. 자생 느릅나무와 미국느릅나무는 분명히 다르기 때문에 재배할 경우 자생 느릅나무를 재배하는 것이 좋다. 된장 누룩처럼 요긴한

느릅나무 수형

나무라는 뜻에서 느릅나무라는 이름이 붙었다고 한다.

느릅나무의 뿌리는 어린 뿌리가 많이 달려 있고 원줄기는 높이 30m로 자란다.

잎은 어긋나고 가장자리에 뾰족한 톱니가 있다. 측맥 수는 10~1쌍이고 표면에 미모가 있고 잎 뒷면 맥 위에 털이 있다. '참느릅나무'는 잎 양면에 털이 없다.

꽃은 4~5월 초에 잎이 나기 전 먼저 개화를 하는데 암수딴그루이다. 토종 느릅나무는 꽃자루와 열매자루가 거의 없고 '미국느릅나무'는 꽃자루와 열매자루가 길다. '참느릅나무'는 꽃이 조금 다르다. 느릅나무 꽃은 '비술나무' 꽃과 거의 비슷하므로 세심한 동정이 필요하다.

열매는 5~6월에 결실을 맺는데 느릅나무, 참느릅나무 등은 열매에 털이 없지만 당느릅나무는 열매에 털이 있다.

느릅나무 수피

느릅나무 잎

느릅나무 열매

이용 방법
수피는 유백피(榆白皮), 뿌리껍질은 유근피(榆根皮)라고 부른다. 봄 또는 8~9월에 채취한다.

약용 및 효능
유백피는 비염, 코골이, 불면증, 이뇨, 소변 시의 통증, 항염에 약용한다. 유근피는 장과 소화에 효능이 있다. 유백피가 더 약성이 높다. 민간에서는 위암에 사용하기도 한다.

재배 환경
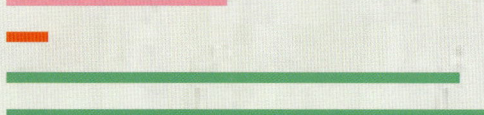
용기 재배
수경(양액) 재배
베란다 텃밭
노지(옥상) 텃밭

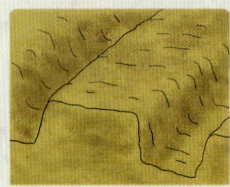
토양
부식질의 비옥토에서 잘 자란다. 묘목을 아주 심을 때 식재 간격 3~6m.

파종
6월에 채취한 종자를 바로 온실에서 파종. 며칠 내 발아하는데, 겨울이 오기 전에 어린 묘목으로 키운다. 겨울에 온실에서 육묘한다.

아주심기
겨울에 온실에서 육묘한 묘목은 이듬해 5월에 노지에 이식한다.

삽목
봄에 반숙지를 삽수로 준비해 온실에서 삽목하기도 한다.

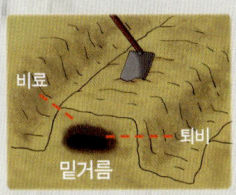

비료
20~30일 전에 유기질 비료와 퇴비 등을 주고 밭두둑을 만든다. 웃거름은 상태를 보아가며 준다. 묘목을 식재한 경우 웃거름을 준다.

수확
봄 또는 8~9월에 오래 된 가지를 자른 뒤 껍질을 벗겨 햇볕에 말린 후 약용한다.

병충해 & 그 외 파종 정보
느릅나무는 종자를 저장하면 발아율이 현저하게 떨어지기 때문에 열매 채종 후 바로 파종하는 것이 좋다.

초피나무 꽃

산초 가루로 유명한
초피나무(산초, 제피)

운향과 낙엽활엽관목 Zanthoxylum piperitum 꽃 : 5~6월 높이 : 3m

월별 재배 일지	1	2	3	4	5	6	7	8	9	10	11	12
씨뿌리기			■	■							■	
아주심기					■	■						
솎아내기				■	■							
밑거름 & 웃거름				■	■							
수확하기				■	■		■	■				

　　초피나무는 우리나라 전국에서 자라지만 주로 해안가 야산에서 많이 볼 수 있고 깊은 산에서는 만나기 어려운 나무이다. 초피나무와 비슷한 산초나무는 대도시 야산에서도 볼 수 있을 정도로 흔한 나무이지만 초피나무는 산초 가루(제피 가루)를 만드는 나무이기 때문에

초피나무 열매

남획이 심하고 이 때문에 흔하게 보이지 않는다.

초피나무의 원줄기는 높이 3m로 자라지만 해안가 야산에서 자라는 초피나무는 대개 1~1.5m로 자란다. 초피나무는 줄기와 잔가지의 가시가 마주나고, 산초나무 가시는 어긋나게 달리므로 이 점으로 구별할 수 있다.

잎은 홀수깃꼴겹잎으로 9~10쌍의 작은 잎이 달려 있다.

꽃은 5~6월에 피는데 암수딴그루이고 잎겨드랑이에서 황록색으로 개화한다.

열매는 9월 말 전후에 붉은색에서 적갈색으로 결실을 맺는다.

초피나무의 유사종으로는 소엽이 6~10쌍이고 줄기의 가시가 어긋나게 달리

초피나무 잎

초피나무 수형

는 '산초나무', 소엽이 3~7쌍이고 잎자루에 날개가 있는 '개산초나무', 잎이 초피나무에 비해 상대적으로 큰 '왕초피나무' 등이 있다. 이 중 산초나무, 개산초나무는 꽃 모양이 초피나무와 완전히 다르다. '민초피나무'는 초피나무와 똑같은 나무이지만 가시가 없는 신품종이다.

이용 방법
초피나무의 열매 껍질로 산초(제피가루)라는 향신료를 만든다.
약용할 경우 초피나무, 왕초피나무, 산초나무를 같은 약재로 취급한다.

약용 및 효능
약용 수확은 8~10월에 열매를 수확하여 햇볕에 말린 뒤 열매 껍데기만 약용한다. 통증, 살충, 생선 식중독, 구토, 치통, 산통, 항균, 항곰팡이에 효능이 있다. 다량 약용하면 문제가 발생할 수도 있다. 초피나무는 열매 껍질 외에도 뿌리, 잎, 종자를 약용할 수 있는데 효능은 열매 껍질에 비해 못하다. 잎을 우려낸 물은 각종 피부 질환에 바른다.

불갑산의 초피나무

재배 환경
용기 재배
수경(양액) 재배
베란다 텃밭
노지(옥상) 텃밭

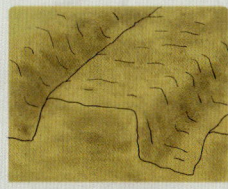
토양
부식질의 비옥한 점질토에서 잘 자라고 공해에는 약하다. 양지~반양지가 좋다. 묘목을 아주 심을 때 식재 간격 2m.

파종
가을에 채종한 종자를 즉시 온실에서 파종하거나 노천 매장한 뒤 11월에 파종한다. 또는 이듬해 봄에 파종한다.

근삽
근삽은 봄에 온실에서 하고 반숙지삽은 7~8월에 하는데 발근율이 낮은 편이다. 필요한 경우 1년생 묘목을 구입해 식재한다.

관리
매년 가지치기를 하면서 수확하기 편한 수형을 만든다. 주간은 4~5개로 한정하고 곁가지는 50개 이상 나오도록 가지치기 한다.

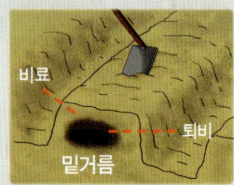

비료
20~30일 전에 유기질 비료와 퇴비 등을 주고 밭두둑을 만든다. 웃거름은 상태를 보아가며 준다. 묘목을 식재한 경우 웃거름을 준다.

수확
2~4년차부터 열매 결실을 맺으므로 그때부터 수확을 한다. 잎은 봄에, 열매는 8월 중순~10월 초 전후에 수확한다.
10년차가 되면 열매 수확량이 많아진다.

병충해 & 그 외 파종 정보
초피나무의 종자는 파종 후 이듬해인 2년차 봄에 발아한다. 운이 좋으면 2~3개월 내에 발아하는 종자도 있다. 일반 노천 매장한 종자의 발아율은 27% 내외이다. 종자는 8월 말~9월에 열매가 빨갛게 익었을 때 열매를 까고 종자가 검정색일 때 채종한다.

헛개나무 꽃

알코올에 중독된 간과 숙취해소에 좋은
헛개나무(지구자)

갈매나무과 낙엽활엽교목 Hovenia dulcis 꽃 : 7~8월 높이 : 10m

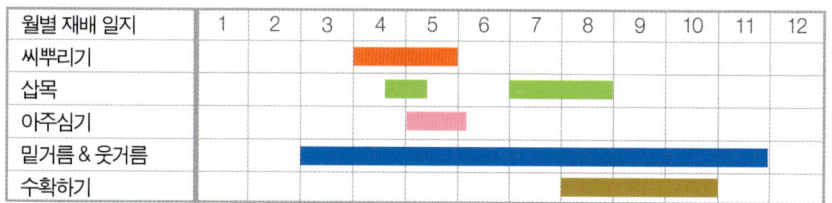

월별 재배 일지	1	2	3	4	5	6	7	8	9	10	11	12
씨뿌리기												
삽목												
아주심기												
밑거름 & 웃거름												
수확하기												

헛개나무는 흔히 숙취해소에 가장 좋은 나무라고 알려져 있다. 우리나라와 중국, 인도, 미얀마 등에서 자생하는 헛개나무는 낮은 지역에서 해발 2,000m 고지대까지 폭넓게 분포되어 있다. 내염성, 내공해성에 강해 도심지 공원에서도 조경수로 심어진 것을 종종 볼 수

헛개나무 수형

있다. 헛개나무는 중용수이기 때문에 텃밭 주변의 큰 나무 하부에 식재하면 좋다.

헛개나무의 줄기는 높이 10m로 자라지만 흔히 볼 수 있는 헛개나무는 대개 2~3m 높이로 자란다. 나무 수피는 검갈색이고 성목이 되면 거북이 등처럼 갈라진다.

꽃은 7~8월에 취산꽃차례로 피는데 꽃의 색상은 흰색이고 자웅동체이다.

헛개나무 열매는 10월에 성숙하는데 일반 열매와 달리 열매자루가 울퉁불퉁하고 고약하게 생겼다. 열매에는 숙취해소에 좋은 성분이 함유되어 있기 때문에 잎자루를 포함해 수확해야 한다. 헛개나무는 열매뿐 아니라 뿌리를 포함한 지상부 전체를 약용할 수 있다. 싱싱한 열매는 날로 먹을 수 있을 뿐 아니라 건포도와 비슷한 음식물을 만들 수 있다. 씹는 맛도 건포도와 비슷하다. 지상부는 열매, 잎, 수피, 수액 등을 약용하는데 저마다 효능이 조금씩 다르다.

헛개나무 수피

헛개나무 열매

헛개나무 잎

이용 방법
10~11월에 검갈색으로 성숙한 열매를 열매자루를 포함해 수확한다. 뿌리는 9~10월에 수확한다. 잎, 수피, 수피 액즙은 필요한 경우 수확한다.

약용 및 효능
열매는 설사, 변비, 해열, 이뇨, 숙취해소, 사지마비, 류머티즘에 좋고 술을 담가 먹을 수 있다. 수피에 구멍을 내면 수액이 나오는데 이 수액은 액취증에 좋다. 수피는 혈액순환에 사용하고 뿌리는 류머티즘에 효능이 있다.

재배 환경
용기 재배
수경(양액) 재배
베란다 텃밭
노지(옥상) 텃밭

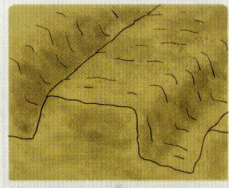

토양
부식질의 비옥한 토양에서 잘 자란다. 묘목을 아주 심을 때의 식재 간격은 3~5m.

파종
가을에 채종한 종자를 노천 매장한 뒤 이듬해 이른 봄에 파종한다. 파종 시 씨껍질을 제거한다. 발아율은 낮은 편이다.

삽목
4월 초에 10년 이하 나무에서 숙지를 채취해 발근 촉진제에 침지한 후 삽목하면 뿌리를 내린다. 반숙지삽은 7~8월에 한다.

관리
종자로 파종한 경우 토양을 다소 습하게 관리한다.

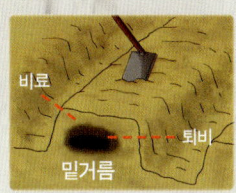

비료
20~30일 전에 유기질 비료와 퇴비 등을 주고 밭두둑을 만든다. 매년 웃거름을 봄에 2회, 가을에 2회 준다.

수확
2~4년차부터 열매 결실을 맺으므로 그때부터 수확을 한다. 잎은 봄에, 열매는 8월 중순~10월 초 전후에 수확한다. 10년차가 되면 열매 수확량이 많아진다.

병충해 & 그 외 파종 정보
헛개나무는 전체를 약용할 수 있는 나무이므로 되도록이면 살충제의 사용을 피한다. 생장력이 왕성한 나무이지만 유기질 비료를 충분히 주면 더 빨리 자란다. 묘목상을 통해 중국산이 유통되므로 기왕이면 국산 헛개나무를 심는다. 묘목을 대단위로 식재할 경우 초기에 비닐 멀칭을 하여 잡초 발생을 억제한다.

옻나무 꽃

옻닭 요리에 사용하는
옻나무

옻나무과 낙엽활엽교목   Toxicodendron vernicifluum   꽃 : 5월   높이 : 20m

월별 재배 일지	1	2	3	4	5	6	7	8	9	10	11	12
씨뿌리기			■	■							■	
삽목							■	■				
아주심기												
밑거름 & 웃거름			■	■	■	■	■	■	■	■	■	
수확하기				■	■			■	■			

　중국, 일본에서 자생하는 옻나무는 우리나라에 칠기 공예 및 약용 목적으로 도입되었다. 옻나무는 원산지에서 해발 800~3,600m 사이 산기슭에서 자생하고 일반적으로 해발 1,200m 산기슭에서 흔히 볼 수 있다. 재배의 경우 평지에서도 재배를 할 수 있다. 옻나무를 재

옻나무 꽃

옻나무 열매

옻나무 잎

옻나무 수피

배할 경우 어떤 추가 수입이 발생할 수도 있지만 옻이 심하게 걸리는 나무이므로 주의해야 한다.

옻나무의 줄기는 높이 20m로 자라는데 어렸을 때는 수피가 맨들맨들하지만 성장할 수록 거북이등처럼 갈라진다.

잎은 어긋나고 홀수깃꼴겹잎이고 9~11개의 작은 잎으로 되어 있다. 잎자루를 포함한 잎의 전체 길이는 20~45cm이다. 잎의 표면과 뒷면 맥에 털이 있고 잎의 가장자리는 밋밋하다.

꽃은 5월에 원뿔 모양 꽃차례로 피고 꽃의 색상은 황색이다. 꽃잎은 5개이고 수꽃의 수술은 5개, 암꽃에는 짧은 수술 5개와 암술머리가 3개로 갈라진 1개의 암술대가 있다.

옻나무의 열매는 처음에는 녹색이었다가 9월경 황색~갈색으로

옻나무 수형

성숙한다.

옻나무와 접촉할 때는 옻독에 걸리는 것을 피하기 위해 반드시 장갑을 끼고 작업해야 한다.

이용 방법
옻나무 수액은 4~5월 혹은 9월에 수확한다. 수액으로 건칠 등을 만든 뒤 옻나무 공예나 약용으로 사용한다. 옻나무의 뿌리, 줄기, 잎도 약용 및 효능이 있다.

약용 및 효능
옻나무 약재는 회충, 살충, 설사, 어혈, 하혈 등에 약용하고 옻닭 요리를 만들어 먹는다.

> 《〈팁박스〉》 산에서 만나는 옻나무는 대개 개옻나무 종류이기 때문에 옻독에 오르는 사람도 있고 옻독에 걸리지 않는 사람도 있다. 이와 달리 재배용 옻나무는 옻독이 매우 강하므로 텃밭에 재배할 경우 접촉 금지 경고문을 부착한다.

재배 환경
용기 재배
수경(양액) 재배
베란다 텃밭
노지(옥상) 텃밭

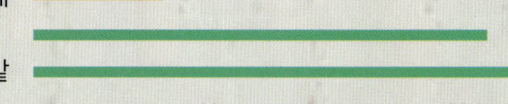

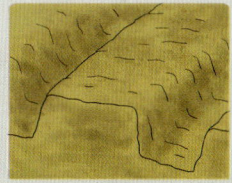
토양
부식질의 비옥한 점질토에서 잘 자라고 공해에는 약하다. 양지~반양지가 좋다. 묘목 식재 간격 3~4m.

파종
11월 중순경 85도 내외의 온수에 24시간 침전시켜서 차가운 물로 헹군 뒤 바로 냉상에 직파한다. 온수에 침천시키면 발아 억제 물질이 어느 정도 제거된다.

모종
옻나무의 봄 파종은 4월 상순 전후에 한다. 반숙지삽은 7~8월에 10cm로 잘라 삽목한다. 근삽은 12월 또는 4월에 온실에서 한다.

관리
1년간 묘목으로 육묘한 뒤 다음해 4월 초순 전후에 본밭에 이식한다.

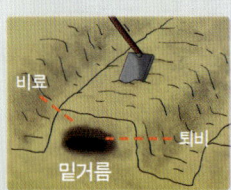

비료
20~30일 전에 유기질 비료와 퇴비 등을 주고 밭두둑을 만든다. 발아 후 15cm 자랐을 때 웃거름을 준다.

수확
본밭 이식 후 2~3년차부터 수확한다. 옻나무 수액은 4~5월 혹은 9월에 수확하고, 옻닭용 줄기는 필요한 경우 수확한다.

병충해 & 그 외 파종 정보
열매가 완숙할수록 발아 억제 물질이 많으므로 덜 완숙할 때 종자를 채종한다. 10월 중순 전후가 좋다. 별다른 장비가 없으면 온수에 24시간 불린 후 직파한다. 봄 파종은 일반적으로 종자 껍질을 벗기고 파종한다.

| 찾아보기 |

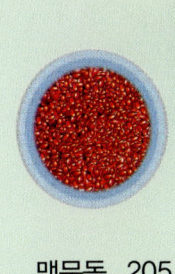

ㄱ

가시오갈피 394
갈대 356
개똥쑥 57
갯기름나물 299
갯취 247
고려엉겅퀴 252
고삼 195
고수 294
곤드레나물 252
곰취 242
곽향 78
구릿대 152
구절초 103
꿀풀 73

ㄴ

나도하수오 336
노근 356
느릅나무 425
능실 371

ㄷ

단모우방풍 289
단삼 184
당귀 114
독활 274
두릅나무 404
두충 389
둥굴레 218

ㅁ

마 316
마가목 384
마름 371
만삼 346

ㅁ

맥문동 205
머위 269
미나리싹 304
미래덩굴 351

ㅂ

바디나물 157
박주가리 326
발계 351
방풍나물 299
배초향 78
백선 119
백출 51
백하수오 341
봉두채 269
비수리 125
빈해전호 299
뽕나무 420

445

ㅅ

사삼 189
사상자 147
산겨릅나무 414
산수유 409
산청목 414
산초 430
산해박 132
삼릉 361
삼백초 93
삽주 51
섬쑥부쟁이 257
섬취나물 257
소리쟁이 213
소엽 309
속썩은풀 62
승마 162
시호 137
씀바귀 262

ㅇ

아삼 132
야관문 125
약모밀 98
양하 279
어성초 98
어수리 289
얼레지 284
엄나무 399
영아자 05
오디 420
옻나무 440
용담 225
원지 34
유근피 425
익모초 68
인삼 173
잇꽃 46
음나무 399

ㅈ

자초 168
잔대 189
적하수오 331
전호 142, 157
제피 430
중국패모 88
쥐방울덩굴 321
지모 39
지치 168
지황 83
질경이택사 366

ㅊ

차즈기 309
참나물 232
참당귀 114
참마 316
참취 237
창출 51
천궁 108
초피나무 430

ㅋ

큰조롱 341

ㅌ

택사 366
퉁퉁마디 376

ㅍ

패모 88

ㅎ

하고초 73
하수오 331
함초 376
헛개나무 435
현삼 178
홍화 46
황금 62
황기 200
흑삼릉 361